中国轻工业"十四五"规划教材

国 家 级 一 流 本 科 课 程 配 套 教 材

生物化学实验指导

（第二版）

邱乐泉　吴石金　主编

U0241997

中国轻工业出版社

图书在版编目（CIP）数据

生物化学实验指导/邱乐泉，吴石金主编．—2 版
．—北京：中国轻工业出版社，2024.1
ISBN 978-7-5184-4301-7

Ⅰ.①生…　Ⅱ.①邱…　②吴…　Ⅲ.①生物化学—化
学实验　Ⅳ.①Q5-33

中国国家版本馆 CIP 数据核字（2023）第 117160 号

责任编辑：马　妍　　责任终审：张乃东
文字编辑：巩孟悦　　责任校对：朱燕春　　　封面设计：锋尚设计
策划编辑：马　妍　　版式设计：砚祥志远　　责任监印：张　可

出版发行：中国轻工业出版社（北京鲁谷东街 5 号，邮编：100040）
印　　刷：三河市万龙印装有限公司
经　　销：各地新华书店
版　　次：2024 年 1 月第 2 版第 1 次印刷
开　　本：787×1092　1/16　印张：11.25
字　　数：259 千字
书　　号：ISBN 978-7-5184-4301-7　定价：35.00 元
邮购电话：010-85119873
发行电话：010-85119832　010-85119912
网　　址：http://www.chlip.com.cn
Email：club@chlip.com.cn

本书编写人员

主　　编　邱乐泉　浙江工业大学

　　　　　吴石金　浙江工业大学

副 主 编　孙培龙　浙江工业大学

　　　　　方海田　宁夏大学

参编人员（按姓氏笔画排序）

　　　　　牛　坤　浙江工业大学

　　　　　孔令华　浙江工业大学

　　　　　苏　靖　河套学院

　　　　　李秀芬　云南农业大学

　　　　　李彤彤　浙江工业大学

　　　　　金维华　浙江工业大学

　　　　　周海岩　浙江工业大学

　　　　　胡青莲　浙江工业大学

　　　　　钟　莉　浙江工业大学

前言 | Preface

　　生物化学是一门实验性很强的学科，我校"生物化学"课程是国家级线上一流本科课程，其实验课程教学在 2008 年之前采用自编生物化学实验讲义，为满足学生学习和教师教学实践的需要，课程团队在 2008 年 8 月出版了《生物化学技术实验指导》一书。该版教材中，强调基础实验原理、实验技术规范以及常用的生物化学实验内容，满足了当时的教学需要。然而，随着近年来信息技术的快速发展，将信息技术融入教材是顺应当前环境下教材发展的必然选择。因此，我们通过录制部分实验操作视频、教师讲授视频，再结合部分教学课件，在上一版教材的基础上，编写了本版新形态教材，以提升学生的学习兴趣，方便学生进行学习。此外，结合我们近年来的 PBL（问题式学习）实验教学改革的经验，本次修订还增加结构化 PBL 实验教学模块，以满足对于此类实验模式的教学改革需求。

　　本教材内容包括生物化学实验室基础知识、生物化学技术原理、生物化学实验和结构化 PBL 实验四部分。除了对上一版教材的疏漏不当之处进行修订外，增加生物化学技术原理内容，如疏水作用层析、聚合酶链式反应技术；在生物化学实验部分增加 2 个基础性实验和 3 个选择性实验；全书共选编 37 个实验，内容涵盖生物化学研究中常用的方法和技术，并引进一些新近发展起来的生化实验技术；此外，还增加"结构化 PBL 实验"模块，旨在培养学生的动手能力和良好的科研素质，使学生有一个完整的实验锻炼过程，培养学生科研思维和独立开展研究工作的能力。

　　本教材适用于高等院校生物化学实验教学，生物、医药和农林等专业学生可根据各自特点选择使用，各实验单元也可按照高校实际情况自行拆分组合。同时，还可为相关教师进行 PBL 实验教学改革提供参考。

　　本书编写和出版得到了浙江工业大学重点教材建设项目的资助，在此表示诚挚的谢意。

　　限于篇幅和作者水平，若存在疏漏和不当之处，恳请广大读者和专家批评指正。

编　者

2023 年 10 月

| 目录 | Contents

第一部分

生物化学实验室基础知识

一、生物化学实验基本要求

实验是在理论指导下的科学实践，目的在于经过实践掌握科学理论和规律的基本方法和技能，培养学生科学思维、分析判断和解决实际问题的能力。科学实验也是培养探求真知、尊重科学事实和真理的学风，培养科学态度的重要环节。

（一）实验记录

详细、准确、如实地做好实验记录是极为重要的，记录如果有误，会使整个实验失败，这也是培养学生实验能力和严谨的科学作风的一个重要方面。

（1）每位同学必须准备一个实验记录本，实验课前应认真预习，看懂实验原理和操作方法，在记录本上写好实验预习报告，包括详细的实验操作步骤（可以用流程图表示）和数据记录表格等。

（2）记录本上要编好页码，不得撕缺和涂改，写错时可以划去重写。不得用铅笔记录，只能用钢笔和圆珠笔。记录本的左页作计算和草稿用，右页用作预习报告和实验记录。同组的两位同学合做同一实验时，两人必须都做记录。

（3）实验中应及时准确地记录所观察到的现象和测量的数据，条理清楚，字迹端正，切不可潦草以致日后无法辨认。实验记录必须公正客观，不可夹杂主观因素。

（4）实验中要记录的各种数据，都应事先在记录本上设计好各种记录格式和表格，以免实验中由于忙乱而遗漏测量和记录，造成不可挽回的损失。

（5）实验记录要注意有效数字，如吸光度值应为"0.050"，而不能记成"0.05"。每个结果都要尽可能重复观测 2 次以上，即使观测的数据相同或偏差很大，也都应如实记录，不得涂改。

（6）实验中要详细记录实验条件，如使用的仪器型号、编号、生产厂家等；生物材料的来源、形态特征、健康状况、选用的组织及其质量等；试剂的规格、化学式、相对分子质量、试剂的浓度等，都应记录清楚。

（二）实验报告

实验报告是实验的总结和汇报，通过实验报告的写作可以分析总结实验的经验和问题，学会处理各种实验数据的方法，加深对有关生物化学与分子生物学原理和实验技术的理解和掌握，同时也是学习撰写科学研究论文的过程。实验报告的内容应包括：①实验目的；②实验原理；③仪器和试剂；④实验步骤；⑤实验记录；⑥结果与讨论。

由于生物化学实验所涉及项目原理较复杂、步骤较多，为了让学生在有限的时间内更有效地完成实验内容，应要求学生在进入实验室前预习实验，并书写预习报告。可以将实验报告中的实验目的、实验原理、仪器和试剂及实验步骤4个部分作为预习报告的内容，要求学生掌握实验目的和原理，熟悉实验基本流程，并对实验注意事项有一定的了解。在正式实验后，再完成实验记录和结果与讨论部分。

每个实验报告都要按照上述要求来写，实验报告的写作水平也是衡量学生实验成绩的一个重要方面。实验报告必须独立完成，严禁抄袭。实验报告要用实验报告专用纸书写，以便教师批阅，不要用练习本和其他片页纸。

为了确保实验结果的重复性，必须详细记录实验现象的所有细节，例如，若实验中生成沉淀，那么沉淀的真实颜色是什么，是白色、淡黄色或是其他颜色？沉淀的量是多还是少，是胶状还是颗粒状？什么时候形成沉淀，立即生成还是缓慢生成，热时生成还是冷却时生成？在科学研究中，仔细地观察，特别注意那些未预想到的实验现象是十分重要的，这些观察常常引起意外的发现，报告并注意分析实验中的真实发现，对学生是非常重要的科学研究训练。

实验报告使用的语言要简明扼要，各种实验数据都要尽可能整理成表格并作图表示，以便比较，一目了然。实验作图尤其要严格要求，必须使用坐标纸，每个图都要有明显的标题，坐标轴的名称要清楚完整，要注明合适的单位，坐标轴的分度数字要与有效数字相符，并尽可能简明，若数字太大，可以化简，并在坐标轴的单位上乘以10的方次。实验点要使用专门设计的符号，如：○、●、□、■、△、▲等，符号的大小要与实验数据的误差相符。不要用"×""+"和"●"。有时也可用两端有小横线的垂直线段来表示实验点，其线段的长度与实验误差相符。通常横轴是自变量，纵轴是因变量，是测量的数据。曲线要用曲线板或曲线尺画成光滑连续的曲线，各实验点均匀分布在曲线上和曲线两边，且曲线不可超越最后一个实验点。两条以上的曲线和符号应有说明。

实验结果的讨论要充分，尽可能多查阅一些有关的文献和教科书，充分运用已学过的知识和生物化学原理，进行深入地探讨，勇于提出自己独到的分析和见解，并欢迎对实验提出改进意见。

（三）实验报告评分标准

1. 实验预习报告内容

学生进入实验室前应预习实验，并书写预习报告。实验预习报告应包括以下三部分。

（1）实验原理 要求以自己的语言归纳要点。

（2）实验材料 包括样品、试剂及仪器。只需列出主要仪器、试剂（常规材料不列）。

（3）实验方法 包括流程或路线、操作步骤，要以流程图、表格等形式给出要点，简明扼要。

依据各部分内容是否完整、清楚、简明等，可分以下三个等级。①优秀：项目完整，能反映实验者的加工、整理、提炼过程。②合格过程：较完整，有一定整理，但不够精练。③不合格：不完整、缺项，大段文字完全照抄教材，记流水账。实验预习报告不合格者，不允许进行实验。

2. 实验记录内容

实验记录是实验教学、科学研究的重要环节之一，必须培养严谨的科学作风。实验记录的主要内容包括以下三方面。

（1）主要实验条件　如材料的来源、质量；试剂的规格、用量、浓度；实验时间、操作要点中的技巧、失误等，以便总结实验时进行核对和作为查找成败原因的参考依据。

（2）实验中观察到的现象　如加入试剂后溶液颜色的变化。

（3）原始实验数据　设计实验数据表格（注意三线表格式），准确记录实验中测得的原始数据。记录测量值时，要根据仪器的精确度准确记录有效数字（如吸光度值为 0.050，不应写成 0.05），注意有效数字的位数。

实验记录应在实验过程中书写；应该用钢笔或者圆珠笔记录，不能用铅笔。记录不可擦抹和涂改，写错时可以划去重记。记录数据时请教师审核并签名。

实验记录分以下三个等级。①优秀：如实详细地记录了实验条件，实验中观察到的现象、结果及实验中的原始数据（如三次测定的吸光度值）等；实验记录用钢笔或者圆珠笔记录，没有擦抹和涂改迹象。书写准确，表格规范（三线表）。有教师的审核签字。②合格：记录了主要实验条件，但实验记录不详细或凌乱；实验中观察不细致；原始数据无涂改迹象，但不规范。有教师的审核签字。③不合格：记录不完整，有遗漏；原始数据有擦抹和涂改迹象，捏造数据（以 0 分计）；图、表格格式不规范；用铅笔记录原始数据；无教师的审核签字。

若对记录的结果有怀疑，或有原始数据遗漏、丢失，必须重做实验，培养严谨的科学作风。

3. 结果与讨论

（1）数据处理　对实验中所测得的一系列数值，要选择合适的处理方法进行整理和分析。数据处理时，要根据计算公式正确书写中间计算过程或推导过程及结果，得出最终实验结果。要注意有效数字的位数、单位（国际单位制）。经过统计处理的数据要以 $X \pm SD$ 表示。对"数据处理"的评定可分成以下三个等级。

优秀：处理方法合理，中间过程清楚，数据格式、单位规范。

合格：处理方法较合理，有中间计算过程；数据格式、单位较规范。

不合格：处理方法不当；无中间过程；有效数字的位数、单位不规范。

（2）结果　实验结果部分应把所观察到的现象和处理的最终数据进行归纳、分析、比对，以列表法或作图法来表示。同时对结果还可附以必要的说明。

要注意图表的规范：表格要有编号、表题；表格中数据要有单位（通常列在每一列顶端的第一行或每一行左端的第一列）。图也要有编号、图题，标注在图的下方；直角坐标图的纵轴和横轴要标出方向、名称、单位和长度单位；电泳图谱和层析图谱等要标明正、负极方向及分离出的区带、色带或色斑的组分或成分。电泳结果还要标记泳道，并在图题下给出泳道的注释；要标出分子质量标准的各条带的大小。并且注意需要结合图表对结果进行较详细的解释说明。

对"结果"的评定可分成以下三个等级。

优秀：实验结果有归纳、解释说明，结果准确，格式规范。

合格：堆砌实验现象、数据，解释说明少。

不合格：最终实验结果错误且无解释说明，图表、数字不规范。

（3）讨论　讨论应围绕实验结果进行，不是实验结果的重述，而是以实验结果为基础的逻辑推论，基本内容包括：①用已有的专业知识理论对实验结果进行讨论，从理论上对实验结果的各种资料、数据、现象等进行综合分析、解释，说明实验结果，重点阐述实验中出现的一般规律与特殊规律之间的关系；②实验结果提示了哪些新问题，指出结果与结论的理论意义及其大小；③对实践的指导与应用价值；④实验中遇到的问题、差错和教训，与预想不一致的原因，有何待解决的方法，提出在今后的实验中需要注意和改进的地方；⑤实验目的是否达到。

同时能结合查阅的其他文献等资料进行讨论，有独到的见解。在实验结果和理论分析的基础上，经过推理，归纳规律得出结论。结论要严谨、精练，表达要准确，与实验目的呼应。对"讨论"的评定也分三个等级。

优秀：分析实验结果的问题，总结经验；分析实验设计的优劣；能提出实验技术、方法的改进意见；能结合自己查阅的其他资料来讨论，有自己独到的见解；有结论。

合格：仅针对实验结果进行讨论，有部分自己的见解。

不合格：将讨论写成注意事项分析或回答思考题等，与实验结果无关。

4. 格式与版面

按照实验报告的书写格式、版面是否整洁、工整，分三个等级。

优秀：实验报告字体工整，版面整洁。

合格：实验报告字体较工整，版面较整洁。

不合格：实验报告字体潦草，版面凌乱。

二、实验室基本操作

（一）玻璃仪器的洗涤与清洁

实验中所用的玻璃仪器清洁与否，直接影响实验的结果，往往由于仪器的不清洁或被污染而造成较大的实验误差，有时甚至会导致实验的失败。生物化学实验对玻璃仪器清洁程度的要求，比一般化学实验的要求更高。这是因为：①生物化学实验中蛋白质、酶、核酸的质量往往都是以"毫克"和"微克"计的，稍有杂质，影响就很大。②生物化学实验对许多常见的污染杂质十分敏感，如金属离子（钙、镁离子等）、去污剂和有机物残基等，因此，玻璃仪器（包括离心管等塑料器皿）是否彻底清洗就非常重要。

1. 初用玻璃仪器的清洗

新购买的玻璃仪器表面常附着有游离的碱性物质，可先用 5g/L 的去污剂洗刷，再用自来水洗净，然后浸泡在 1%~2% 盐酸溶液中过夜（不可少于 4h），再用自来水冲洗，最后用去离子水冲洗两次，在 100~120℃ 烘箱内烘干备用。

2. 使用过的玻璃仪器的清洗

先用自来水洗刷至无污物，再用合适的毛刷蘸去污剂（粉）洗刷，或浸泡在 5g/L 的去污剂中超声清洗（比色皿绝不可超声），然后用自来水彻底洗净去污剂，用去离子水洗两次，烘干备用（计量仪器不可烘干）。清洗后器皿内外不可挂有水珠，否则重洗，若重洗后仍挂有水珠，则需用洗液浸泡数小时后（或用去污粉擦洗），重新清洗。

3. 石英和玻璃比色皿的清洗

石英和玻璃比色皿绝不可用强碱清洗，因为强碱会浸蚀抛光的比色皿。只能用洗液或 10~20g/L 的去污剂浸泡，然后用自来水冲洗，这时使用一支绸布包裹的小棒或棉花球棒刷洗，效果会更好，清洗干净的比色皿也应内外壁不挂水珠。

（二）塑料器皿的清洗

聚乙烯、聚丙烯等制成的塑料器皿，在生物化学实验中已用得越来越多。第一次使用塑料器皿时，可先用 8mol/L 尿素（用浓盐酸调 pH = 1）清洗，接着依次用去离子水、1mol/L

KOH 和去离子水清洗，然后用 3~10mol/L 乙二胺四乙酸（EDTA）除去金属离子的污染，最后用去离子水彻底清洗，以后每次使用时，可只用 5g/L 的去污剂清洗，然后用自来水和去离子水洗净即可。

（三）清洗液的原理与配制方法

1. 肥皂水、洗衣粉溶液和去污粉

肥皂水、洗衣粉溶液和去污粉是常用的洗涤剂，有乳化作用，可除去污垢，能使脂肪、蛋白质及其他黏着性物质溶解或松弛，一般玻璃仪器可直接用肥皂水浸泡或刷洗。

2. 铬酸洗液

原理：铬酸洗液由重铬酸钾（或重铬酸钠）和浓硫酸配制而成，其清洁效力主要是利用其强氧化性和强酸性。

铬酐越多硫酸越浓，其清洁效力也就越强，当洗液变绿色后则不宜再用。

铬酸洗液的配制：称取重铬酸钾 5g 放于 250mL 烧杯中，加热水 5mL 搅拌，使其尽量溶解，烧杯下垫一石棉网以防过热，然后慢慢加入工业用浓硫酸 100mL，随加随搅拌，尽量避免红色铬酐沉淀析出。此时洗液由红黄色转为黑褐色，冷却后储存于指定容器内，盖紧以防吸水，贴上标签（洗液变绿后不宜使用）。

3. 使用

使用洗液前需将玻璃仪器用自来水冲洗数次，并将仪器上的水分尽量除去再放洗液中浸泡，数小时后取出仪器，用自来水充分清洗至无水分为止，冲洗时注意勿将洗液溅出水槽，再用少量蒸馏水冲洗数次，晾干备用。

上述两种洗液是常用的，实验中遇到特殊污染物，需用针对性强的洗涤液。

（四）量器类的使用方法

量器是指对液体体积进行计量的玻璃器皿，如滴定管、吸管、定量移液管、容量瓶、量筒等。

1. 滴定管

滴定管分常量滴定管与微量滴定管。常量滴定管又分为酸式与碱式两种（图 1-1），各有白色、棕色之分。酸式滴定管用于盛装酸性、氧化性以及盐类的稀溶液；碱式滴定管用来盛装碱性溶液。棕色滴定管用于盛装见光易分解的溶液。常量滴定管的体积有 20mL、25mL、50mL、100mL 四种规格。微量滴定管分为一般微量滴定管和自动微量滴定管，有 5mL、10mL 等规格，刻度精度因规格不同而异。

滴定管主要用于容量分析。它能准确读取试液用量，操作比较方便。一般是左手握塞，右手持瓶；左手滴液体，右手摇动。在滴定台上衬以白纸或者白瓷板，以便观察锥形瓶内的颜色。滴定速度以 10mL/min，即每秒 3~4 滴为宜。接近终点时，滴速要慢。甚至每秒半滴或 1/4 滴地进行滴定，以免过量。达到终点后稍停 1~2min，等待内壁挂有的溶液完全流下时再读取刻度数。正确读取体积刻度是减少容量分析实验误差的重要措施。滴定管的读数方法，可依个人的习惯而不同。但是在同一实验中读取体积刻度时，必须以液面的同一特征标志为准，以保证其系统误差。

一般读数方法：普通滴定管读取数据，双眼与液面同水平读数。有色液读取数据是溶液弯月面两侧最高点连线与刻度线重合点。无色液读取数据是溶液弯月面最低点水平线与刻度线重合点。

滴定管的操作及读数方法见图 1-2。

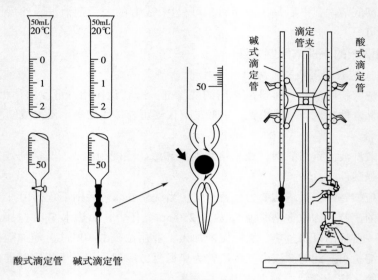

酸式滴定管　碱式滴定管

图 1-1　滴定管的分类

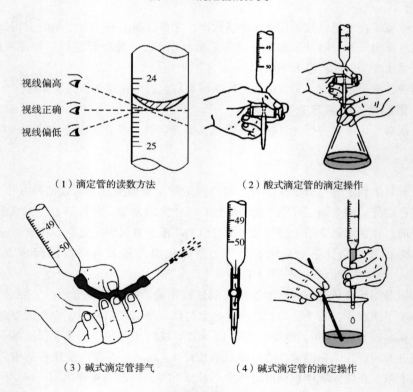

（1）滴定管的读数方法　　　（2）酸式滴定管的滴定操作

（3）碱式滴定管排气　　　（4）碱式滴定管的滴定操作

图 1-2　滴定管的操作及读数方法

（1）滴定管的读数方法：视线跟管内液体的凹液面的最低处保持水平；

（2）酸式滴定管的滴定操作：右手拿锥形瓶颈，向同一方向转动，左手旋开（或关闭）活塞，使滴定液逐滴加入；

（3）碱式滴定管排气：可将橡皮管稍向上弯曲，挤压玻璃球，气泡可被流水挤出；

（4）碱式滴定管的滴定操作：左手捏玻璃球处的橡皮管，使液体逐渐下降。

2. 吸管

吸管是生物化学实验中最常用的容量分析仪器，用于准确移取试液，其精密度按不同的体积可达移取量的 0.1%～1%。一般用橡皮球吸液，操作时以右手拇指和中指夹管身，把吸管的尖端伸入液体中，左手将橡皮球捏扁，接在吸管上口，慢慢放松橡皮球把液体吸入管内至刻度以上，移去橡皮球，迅速以右手食指按住吸管的上口控制试液的泄放，不应用拇指控制管口（图 1-3），注意橡皮球不能骤然放松，以免试液吸入球内。吸液后应将吸管扶正保持垂直位置，使右眼与刻度等高，然后稍微放松食指或轻轻转动吸管，使试液面缓慢降落。到管内液面弧线的最低点与刻度线齐（注意，将吸管斜持读数的操作是错误的，可造成很大的读数误差）。如所吸取的试液颜色很深，不易看清液面最低点，则最好选用分刻度吸管放取两个刻度之间的体积的方法，此时可改以液面的边缘与刻度对齐。但在单刻度的吸管一次放出所标明的全量时不能这样做，仍应尽可能看清液面弧线的最低点。此外，生物化学实验中因大多数分析属微量分析，吸取试液的量往往很小，如不除去吸管外壁所沾液体可造成很大误差，一般应用干净的碎滤纸片拭净吸管外壁然后放出管内液体。

 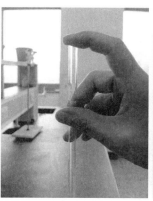 

（1）吸取液体　　　　　　　（2）控制体积　　　　　　　（3）释放液体

图 1-3　吸管的使用

吸管的类型很多，在使用上也有某些差别，因此应先了解所持吸管的类型，掌握正确的使用方法，现将常用的吸管类型及其特点分述如下。

（1）移液吸管　为化学定量分析实验所常用，用作移取吸管所标明数量的试液，常见的有 50mL、25mL、10mL、5mL、2mL、1mL 等容量规格。试液自管内放出时，管身须直立，管尖靠在受器的内壁上，放松食指，令液体自由流出。等液体不再流出时，还要贴靠 15s，最后管尖的残液不应吹出，因该类吸管的刻度一般表示液体的泄出量。

（2）吸量管　吸量管全称是分度吸量管，也称分刻度吸管，是带有分度的量出式量器，可用于移取小体积的非固定量的溶液。常见的容量有 0.1mL，0.2mL，0.5mL，1mL，2mL，5mL，10mL 等规格。通常将管身标明的总容量分刻为 100 等分，因此 10mL 总量的此类吸管有 0.1mL 的分格，有效读数至 0.1mL，1mL 的此类吸管有 0.01mL 的分格，其余类推。这类吸管常用作移取非整数量的试液。有刻度到尖端和刻度不到尖

吸量管的使用

端的两种，刻度到管尖的在最上刻度线与管尖之间的容量，为管身所标明的容量并在这之间100等分。这两类吸管的刻度因生产厂家不同有零点在上和零点在下两种刻法，在使用前应先认明以免发生错误。使用时如刻度不到尖端的，应用食指控制液体泄放至最下刻度线，如为刻度到尖端的，于液体放出后应将残留管内最后一点试液沿容器壁轻轻吹出（国产的此类吸管有的厂家在管身上刻有"吹"字样）。

（3）奥氏吸管　此种吸管的管身有一橄榄形玻璃泡。其特点是各种类型的同一容量的吸管中此类吸管的内表面积最小，使用时吸管内壁黏附的试液也最少，因此特别用于黏稠的液体，如血液、蛋白质溶液及油脂等的吸量，血液化学分析中用于血样的吸取。此种吸管常见的有 10mL、5mL、2mL、1mL 和 0.5mL 几种容量的，用时应注意缓慢将试液放出，最后一点试液要轻轻吹出（国产奥氏吸管管身刻有"吹"字样）。

（4）微量吸管　为吸取小量试液设计的特种毛细吸管，有单刻度的，也有分刻度的，临床化验室做血细胞计数的稀释吸管也是一种微量吸管。生化测定中常见的微量吸管的容量有 0.2mL（200μL）、0.1mL（100μL）、0.05mL（50μL）、0.02mL（20μL）、0.01mL（10μL）等，此类吸管移取试液时均需缓慢地将试液吹出。

定性实验中量取试液的方法：定性实验对取量的准确度要求不严，一般在取少量试液时可以滴数估计。可将滴管口锉大或用火焰烧灼使其缩小，校正至每 20 滴大致相当于 1mL，几毫升的试液可用估计法直接用试管量取，学生可于平时实验中注意锻炼自己以视力估计容器中液量的能力，熟能生巧，尤其是试管中液量的估计更为常用，应该熟练。可在一列试管中用吸管分别量入 1mL、2mL、3mL、5mL、10mL 水，试注意其高度与管径的关系，多次训练不难掌握 1～10mL 内液量大致准确的估计。定性实验中较大量的液体可用量筒量取。取用试剂时应养成瓶塞不离手的习惯，以免盖错。

3. 定量移液管

定量移液管（加样器）是利用排代原理，由活塞在活塞套内做定程运动，产生负压，吸入定量液体，有容量固定式、容量（数字）可调式、单臂加样和多管加样等多种不同型式；定量移液管也有众多的容量规格，如 0.5μL 至 5mL 不等。生化实验中将主要用到容量固定式和数字可调式单管定量移液管，定量移液管管身上端为一活塞或称按钮，下端为一可装卸的吸液嘴。使用时，①先将吸液嘴套在移液管头上，轻轻转动，以保证密封；②将移液管吸液和排液几次，以保证腔内外气压一致；③垂直握住移液管，将活塞按到第一停止点，把吸液嘴浸入液面下 2～3mm。再缓慢放松活塞，使之复位，此时应注意不可骤然放松按钮以免液体经吸液嘴进入管身，等待 1～2s 后从液体中取出；④泄放时轻轻按下活塞到第一停止点，再稍稍加重活塞按钮，以排尽全部液体。使用完后，移液管仍应套上吸液嘴，以保持管内清洁。

4. 容量瓶

容量瓶用于配制一定浓度标准溶液或试样溶液。颈上刻有标线，表示在 20℃，溶液装至标线的体积。有 10mL、25mL、50mL、100mL、250mL、500mL、1000mL、2000mL 几种规格，并有白色、棕色两种颜色。

使用方法：使用前应先检查容量瓶的瓶塞是否漏水，瓶塞应系在瓶颈上，不得任意更换。瓶内壁不得挂有水珠，所称量的任何固体物质都必须先在小烧杯中溶解或加热溶解，冷却至室温后，才能转移到容量瓶中。

5. 量筒

量筒是用来量取要求不太严格的溶液体积的。在配制浓度要求不太准确的溶液时，使用量筒比较方便。它有十余种规格。用量筒量取液体体积是一种粗略的计量法，所以，在使用中必须选用合适规格，不要用大量筒计量小体积溶液，也不要用小量筒多次量取大体积溶液。读取刻度的方法与容量瓶和滴定管相同。

（五）过滤方法

生物化学实验中的过滤除定量分析化学操作相同外，很多实验中的过滤往往因不可使滤液稀释而使用滤纸过滤。为了加快过滤速度常把滤纸摺成"菊花形"以增大过滤表面（图1-4）。并且在漏斗上加盖表面皿，以避免滤液蒸发浓缩。除了用滤纸过滤之外，对于粗的过滤也可使用脱脂棉球替代滤纸。有些实验可改用离心沉淀来替代过滤，以节省时间。

（六）试管及离心管中液体的混匀操作

使试管中先后加入的几种试剂充分混匀往往是实验成败的关键之一。由经验得知，不少学生实验的失败其原因是未能在反应前将试管内容物混匀，应引起充分注意。常用于混匀试管及离心管内液体的方法有以下几种：①少量液体的混匀可简单地将试管轻轻振摇或挥动即可。②较多的液体用振摇、挥动不易混匀时，可一手持试管，另一手轻轻叩击或拨动试管底使管内液体搅动旋涡而达到混合的目的。③在试管中盛有多量液体以上述方法难以使之混合时，可试用手持试管做圆周转动。使管内液体也做旋涡运动而混合（图1-5）。④将试管置于旋涡混匀器上。启动电钮，由于旋涡混匀器的马达转动而使管内液体产生较强的旋涡而充分混合。操作时应注意持试管的手指位置，管内液体较满时，手指持管的位置不可太高以免液体溅失。⑤如液体太满，以上方法均不能使之混合时，可考虑是否允许用玻璃棒搅拌混匀，或采用管口衬一清洁塑料薄膜，以手掌按住反复颠倒混匀的方法。用拇指直接堵住试管口作颠倒混匀的操作是错误的，在任何情况下均不应采用。

图1-4　"菊花形"滤纸过滤　　　　图1-5　手持试管做圆周运动的混匀方法

三、几种常规仪器设备的使用

生物化学实验操作中涉及一系列仪器，使用不当会导致实验失败、减少仪器使用寿命或损坏仪器。因此，在进行操作前细致地了解各种仪器的使用方法及注意事项，是使后续实验事半功倍的一个必要准备。

（一）分光光度计

1. 分光光度计的结构原理

分光光度计
的使用

不论光度计（photometer）、比色计（colorimeter）还是分光光度计（spectrophotometer），其基本结构原理都是相似的，都由光源、单色光器、狭缝、吸收杯和检测器系统等部分组成（图1-6）。

（1）光源　一个良好的光源要求具备发光强度高、光亮稳定、光谱范围广和使用寿命长等特点。几乎所有的光度计都采用稳压调控的钨灯（tungsten lamp），它适用于做340～900nm的光源。更先进的分光光度计外加有稳压调控的氢灯（hydrogen lamp），它适用于做200～360nm的紫外分光分析光源。

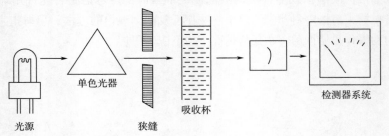

图1-6　分光光度计结构原理

（2）单色光器　分光光度法测定某一物质的吸光度需要在某一特定波长下进行。单色光器的作用在于根据需要选择一定波长范围的单色光。在实际工作中欲选择出单个某波长的光线是困难的。所谓单色光是指在此波长有最大发射，而在相邻较长和较短波长范围内的发射能量较少。单色光的波长范围越窄，仪器的敏感度越高，测量的结果越可靠。

最简单的单色光器是光电比色计上所采用的滤光片（一定颜色的玻璃片）。由于通过光线的光谱范围较宽，所以光电比色计的分辨效果较差，但对比色分析还是可以得到较为满意的效果的。棱镜（prism）的衍射光栅（diffraction grating）是较好的单色光器，它们能在较宽光谱范围内分离出相对单一波长的光线。

（3）狭缝　通过单色光器的发射光的强度可能过强也可能过弱，不利于进一步检测。狭缝是由一对隔板在光通路上形成的狭缝。通过调节狭缝的大小来调节入射单色光强度并使入射光形成平行光线，以适应检测器的需要。光电比色计的狭缝是固定的，而光度计和分光光度计的狭缝大小是可调的。

（4）吸收杯　吸收杯又称样品杯（sample cell）、比色皿，是光度测量系统的重要部分之一。在可见光范围内测量时选用光学玻璃吸收杯，在紫外线范围内测量时要选用石英吸收杯。注意保护吸收杯的质量是取得好的分析结果的重要条件之一。不得用粗糙、坚硬物质接触吸收杯，不能用手指握取吸收杯的光学面；用后要用水及时冲洗，不得残留测定液，尤其是蛋白质和核酸溶液。

（5）检测器系统　硒光电池、光电管或光电倍增管等光电元件常用来作为受光器，将通过吸收杯的光线的能量转变成电能。进一步再用适当的方法测量所产生的电流。

光电比色计用硒光电池为受光器。硒光电池的光敏感性低，它不能检出强度非常弱的光线。并且，对波长在270nm以下和700nm以上的光波不敏感。

较精密的分光光度计都是采用真空光电管或光电倍增管作为受光器的，并采用放大装置以提高敏感度。虽然光谱范围狭窄的单色光的能量比范围宽的弱很多，但这种有放大线路的灵敏检测系统仍可能准确地检测出来。

2. 几种常用的国产分光光度计

（1）721型分光光度计　这是一种采用光电管为受光器的较高级的可见光分光光度计。由稳压电源供电的光源灯发出稳定的白光。光线经反射镜投入狭缝，再经准直镜反射进入棱镜，在棱镜中发生色散后，光线经铝面反射，其中一部分经原路返回，并穿过狭缝，透过反射镜进入吸收杯。从吸收杯射出的光线再经光门射到光电管上，产生相应的电流，并经电流表指示出相应的刻度值。其中色散棱镜装在一个可以转动的圆盘上，旋转波长选择钮可使之发生偏转，使不同波长的光线通过狭缝形成一定波长的单色平行光线。同时，波长盘也随之转动以指示波长数字。此型分光光度计给出360~800nm范围的波长，在410~710nm灵敏、适用。

使用方法如下（各调节部位见图1-7）。

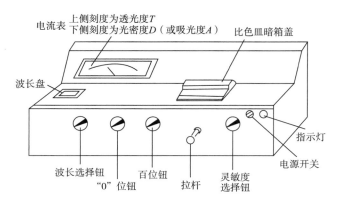

图1-7　721型分光光度计示意图

①灵敏度选择钮放在"1"档（如零点调节器调不到"0"时，再选用较高的档）。

②转动波长选择钮，选用所需的波长。

③接通电源（指示灯亮）。

④揭开比色皿暗箱盖，转动"0"位钮，使电表指针对准T=0处。

⑤将比色皿放入比色皿架上，使空白管对向光路，盖好比色皿暗箱盖，转动百位钮调准电

表指针使之指向 $D=0$（$T=100$）处。

⑥拉动比色皿座的拉杆，使测定皿进入光路，迅速从电表上读出吸光度值，记录。测读过程中，随时将拉杆推回到原位，使空白皿进入光路，并转动"百位钮"，使指针回到 $D=0$ 处。

⑦比色完毕后，关上电源开关，取出比色皿，将比色皿暗箱盖盖好，清洗比色皿并控干。

（2）UV-754 型分光光度计　这是一种可供在紫外到红外区（200～1000nm）测量吸收光谱的较高级分光光度计。此仪器的光学部分与 721 型分光光度计相类似，但它采用石英棱镜作单色光器，有钨丝灯和氢弧灯两种光源。754 型分光光度计的电学部分较为复杂。光电流经过放大线路加以放大后，此时得到的样品信号变为与透光率成比例的值。其后，调零、变换对数、浓度计算、打印数据等均由微处理机进行。

仪器的使用方法如下。

①测试准备

a. 打开电源开关之前，检查一下试样室是否放置遮光物。

b. 试样槽置"参考"位置。

c. 接通电源开关，如果波长工作在 200～360nm 时需按氕灯触发按钮。显示器显示"754"后，显示"100.0"，则表示仪器已通过自检程序。

d. 仪器预热 30min 后开始测试。

②测试

a. 数显为 100.0 后，稳定 2～3s，即可把试样槽置"样品"位置进行测试。待第一个数据打印完毕后，再将试样槽置第二个"样品"位置测试。

b. 每当需要调换波长时，必须把试样槽置"参考"位置，重新调满度。

3. 分光光度计使用的注意事项

（1）仪器连续使用不应超过 2h，每次使用后需要间歇 30min 以上。

（2）每台仪器都配有固定规格的比色皿，测量时使用的比色皿要一致。每套比色皿不得随意更换。

（3）比色皿由两个面组成，即透光面和毛玻璃面，在使用时要将透光面对准光路。

（4）在测定过程中，勿用手触摸比色皿透光面，且比色皿光面的清洁不可用滤纸、纱布或毛刷擦拭，只能用镜头纸轻轻擦拭。

（5）脏的比色皿须浸泡在肥皂水或 5% 的硝酸中浸泡后，再用自来水和蒸馏水冲洗干净，使用前用待测溶液润洗数次，方可使用。

（6）盛待测液时，必须达到比色皿的 2/3 左右，不宜过多，若不慎使溶液溢出，必须先用滤纸吸干，再用镜头纸擦净。

（7）分光光度计的吸光度值在 0.2～0.7（透光率 20%～60%）时准确度最高，低于 0.1 及超出 1.0 时误差较大。如未知样品的读数不在此范围时，应将样品做适当稀释。

（8）每次测试完毕或更换样品液时，必须打开样品室的盖板，以防止光照过久，使光电池疲劳。

（9）在仪器尚未接通电源时，电表的指针必须处于"0"刻度上，否则可用电表上的校正螺丝调节。

（10）分光光度计应放置在平稳仪器台上，不能随意搬动，严防震动、潮湿、光照。

（11）分光光度计内的干燥剂（内装变色硅胶）应定期检查，如发现硅胶变色应立即更换，以防止单色器受潮，读数不稳定。

（12）放大器灵敏度选择是根据不同的单色光波长光能量不一致时分别选用的，一般为5档，1档灵敏度最低。选用原则是保证能使空白档调到"100"的情况下，尽可能采用灵敏度较低的档。

（二）电子天平

电子天平是利用电磁力平衡称量物体质量的天平。它构造简单，使用方便，称量准确可靠，显示快速清晰，并且具有自动检测系统，简便的自动校准装置以及超载保护等装置，是实验室常用的天平。按照天平的感量或精度可分为普通电子天平（图1-8），电子分析天平（图1-9）和超微量电子天平。普通电子天平适用于一般的粗称，称量几克到几百克的物质。电子分析天平的感量在0.0001g，通常称为万分之一天平，适用于称量样品、标样等。超微量电子天平是感量在0.01mg的天平，称为十万分之一天平，适用于化学分析中的半微量和微量分析。

电子天平的使用

图1-8 普通电子天平

图1-9 电子分析天平

1. 使用方法（电子分析天平）

（1）调水平 天平开机前，应观察天平后部水平仪内的水泡是否位于圆环的中央。

（2）预热 天平在初次接通电源或长时间断电后开机时，至少需要预热30min。

（3）称量时，将干净的称量瓶或称量纸放秤盘上，然后关闭侧门，先按去皮键，自动校零，然后才能加入所需称重物品。

（4）称重结束后，要把称重瓶或称重纸收拾好，关上天平侧门，切断天平电源，放好天平。

2. 注意事项

（1）天平在安装时已经过严格校准，故不可轻易移动天平，否则校准工作需重新进行。

（2）严禁不使用称量纸直接称量，每次称量后，请清洁天平，避免对天平造成污染而影响称量精度，以及影响他人的工作。

（三）干燥箱和恒温箱

干燥箱［图1-10（1）］用于物品的干燥和干热灭菌，恒温箱［图1-10（2）］用于微生物和生物材料的培养。这两种仪器的结构和使用方法类似，干燥箱的使用温度范围为 50～250℃，常用鼓风式电热箱以加速升温。恒温箱的最高温度为 60℃。

（1）干燥箱

（2）恒温箱

图 1-10　干燥箱和恒温箱

1. 使用方法

（1）将温度计插入温度计插孔内（一般在箱顶放气调节器中部）。

（2）通电，打开电源开关，红色指示灯亮，开始加热。开启鼓风开关，促使热空气对流。

（3）注意观察温度计。当温度计温度将要达到需要温度时，调节自动控温旋钮，使绿色指示灯正好发亮，10min 后再观察温度计和指示灯，如果温度计上所指温度超过需要，而红色指示灯仍亮，则将自动控温旋钮略向逆时针方向旋转，调到温度恒定在要求的温度上，指示灯轮番显示红色和绿色为止。自动恒温器旋钮在箱体正面左上方。它的刻度板不能作为温度标准指示，只能作为调节用的标记。

（4）工作一定时间后，可开启顶部中央的放气调节器将潮气排出，也可以开启鼓风机。

（5）使用完毕后，关闭开关，将电源插头拔下。

2. 注意事项

（1）使用前检查电源，要有良好地线。

（2）干燥箱无防爆设备，切勿将易燃物品及挥发性物品放箱内加热。箱体附近不可放置易燃物品。

（3）箱内应保持清洁，放物网不得有锈，否则影响玻璃器皿洁度。

（4）烘烤洗刷完的器具时，应尽量将水珠甩去再放入烘箱内。干燥后，应等到温度降至60℃以下方可取出物品。塑料、有机玻璃制品的加热温度不能超过 60℃，玻璃器皿的加热温度不能超过 180℃。

（5）使用时应定时查看，以免温度升降影响使用效果或发生事故。

（6）鼓风机的电动机轴承应每半年加油一次。

（7）切勿拧动箱内感温器，放物品时也要避免碰撞感温器，否则温度不稳定。

（8）检修时应切断电源。

（四）恒温水浴锅（槽）

恒温水浴锅（槽）用于恒温、加热、消毒及蒸发等。常用的有2孔、4孔、6孔和8孔。工作温度从室温以上至100℃，恒温波动±（0.5~1）℃。

恒温水浴锅
的使用

1. 使用方法

（1）关闭水浴底部外侧的放水阀门，向水浴中注入蒸馏水至适当的深度。加蒸馏水是为了防止水浴槽体（铝板或铜板）被侵蚀。

（2）将电源插头接在插座上，合上电闸。插座的粗孔必须安装接地线。

（3）将调温旋钮沿顺时针方向旋转至适当温度位置。

（4）打开电源开关，接通电源，红灯亮，表示电炉丝通电开始加热。

（5）在恒温过程中，当温度升到所需的温度时，沿逆时针方向旋转调温旋钮至红灯熄灭，绿灯亮为止。此后，红绿灯就不断熄、亮，表示恒温控制发生作用。

（6）调温旋钮刻度盘的数字并不表示恒温水浴锅内的温度。随时记录调温旋钮在刻度盘上的位置与恒温水浴锅内温度计指示的温度的关系，在多次使用的基础上，可以比较迅速地调节，得到需要控制的温度。

（7）使用完毕，关闭电源开关，拉下电闸，拔下插头。

（8）若较长时间不使用，应将调温旋钮退回零位，并打开放水阀门，放尽水浴锅内的全部存水。

2. 注意事项

（1）水浴锅内的水位绝对不能低于电热管，否则电热管将被烧坏。

（2）控制箱内部切勿受潮，以防漏电损坏。

（3）初次使用时，应加入与所需温度相近的水后再通电，并防止水箱内无水时接通电源。

（4）使用过程中应注意及时盖上水浴锅盖，防止水箱内水被蒸干。

（5）调温旋钮刻度盘的刻度并不表示水温，实际水温应以温度计读数为准。

（五）离心机

离心机是利用离心力对混合溶液进行分离和沉淀的一种专用仪器。利用离心机可使混合液中的悬浮颗粒快速沉淀，借以分离密度不同的各种物质。电动离心机通常可分为：普通离心机（转速一般为4000r/min）（图1-11）、高速离心机（转速为20 000r/min）和超速离心机（转速可达70 000r/min）。

离心机的使用

图1-11　普通离心机示意图

1. 普通离心机的使用

（1）使用前检查离心机各旋钮是否在规定的位置上，即电源在"关"的位置上，速度按钮在零位。

（2）离心前先将待离心的物质转移到合适的离心管内。盛量以不超过离心管的 2/3 为宜。再将离心管放入外套管内。

（3）将装有离心管的套管成对地放在已经平衡好的台秤上平衡（图1-12），若不平衡，可在离心管与套管之间加水或调节离心管内容物的量使之达到平衡。每次离心时一定要严格执行此平衡操作，否则不能放入离心机内离心。若不平衡，离心时将损伤离心机的轴以至造成严重事故，应十分警惕。

（4）将已平衡好的离心管和套管成对地按对称方向放入离心机中，并取出不用的空套管，盖上离心机盖。

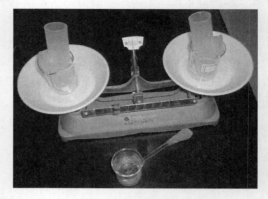

图1-12　离心前的平衡操作

（5）开动离心机前，应检查变速旋钮，看是否在"0"位置。再打开电源开关，并慢慢扭动变速旋钮，逐步增加速度。停止时，将旋钮慢慢回到"0"位置。待离心机自动停止后，才能打开离心机盖取出样品，绝对不能用手阻止离心机转动，以免发生事故。

（6）用毕，倒去套管中的水。取出皮垫洗净并冲洗外套管和离心管，倒置使其干燥。

2. 高速离心机的使用

高速离心机的使用与上述普通离心机的使用相似，不同的是由于其转速高，使用的转头为角转头，所以离心管单独在外平衡后，直接两两对称的插入转头中并扭紧转头盖再开始离心。另外，如果转头为可拆卸式的，每次要确认转头是否扭好，再开始下面的操作。

3. 注意事项

（1）在离心过程中，若听到特殊响声，应立即停止离心。若是玻璃离心管破碎，应更换新的，平衡后再离心。

（2）在离心机高速运转过程中切勿打开离心机盖，以防造成意外事故。

（3）离心酸碱及腐蚀性溶液时，应避免洒落在套管内。若遇此情况应立即洗净，以免腐蚀套管。

（4）离心机不宜连续使用时间过长，工作 40min 后应休息约 20min，以免过热。

（5）离心机应定期检修。每年检查一次离心机内电动机的电刷与整流子磨损情况。若有损坏应更换。

第二部分

生物化学技术原理

一、生物大分子的制备及鉴定

生物大分子的制备过程包括选材、细胞的破碎和细胞器的分离、生物大分子的提取和分离、样品的纯化，以及样品的浓缩干燥和储存等方面。生物大分子的制备是一件十分细致的工作，既要设法得到它们的纯品，又要努力保持其生物活性。有时制备一个较高纯度的蛋白质、酶或核酸，需要付出较长时间的艰苦劳动。生物大分子制备方法的选择是以生物大分子的性质（如分子大小、形状、溶解度、带电性质等）为依据的（表2-1）。对于结构和理化性质不同的生物大分子，所选用的分离提纯方法也不相同。

表2-1　　　　　　　　　　生物大分子的理化性质与分离纯化方法的比较

理化性质	相应的分离、纯化方法
分子大小和形态	差速离心、超滤、分子筛、透析
溶解度	盐析、萃取、分配层析、结晶
电荷差异	电泳、等电聚焦电泳、离子交换层析
生物功能专一性	亲和层析

在制备生物大分子的过程中，为了随时了解所用方法的优劣、选择条件的效果如何、追踪提纯物质含有何种组分，以及纯度和得率如何，必须对所提纯的生物大分子随时进行分析鉴定。因此在提纯以前，必须首先确定对生物大分子的相应分析鉴定方法。在分离、纯化过程中每一步都对生物大分子的比活力（总活力除以总蛋白量的值）、得率（每一步骤所得总活力与第一步所得总活力的百分比，设开始时的总活力为100%）和提纯倍数（每一步骤所得比活力与第一步所得的比活力的比值，设开始时为1）进行测定。现以猪肝异柠檬酸脱氢酶提纯过程为例，将提纯过程的各步追踪数字列于表2-2。

下面仅将生物大分子的分离、纯化过程的一些基本技术做一介绍。

（一）盐析技术

盐析方法是蛋白质和酶提纯工作中应用最早，至今仍广泛应用的方法。其原理是蛋白质在高浓度的盐溶液中，随着盐浓度的逐渐增加，由于蛋白质水化膜被破坏、溶解度下降而从溶液中沉淀出来。各种蛋白质的溶解度不同，因而可利用不同浓度的盐溶液来沉淀分离各种蛋白质。

表 2-2 猪肝异柠檬酸脱氢酶的提纯

步骤	总体积/mL	酶浓度/（U/mL）	酶活力/U	蛋白质浓度/（mg/mL）	总蛋白质质量/mg	比活力/（U/mg）	得率/%	提纯倍数
匀浆	7.00	2.85	19.95	35.50	248.50	0.080	100	1.0
氯仿抽提	5.00	3.60	20.88	19.20	111.40	0.187	105	2.3
375~550g/L 硫酸铵盐析的上清液（透析）	1.50	11.25	16.87	21.40	32.10	0.525	84.5	6.5
DEAE 纤维素	2.39	3.32	9.09	1.00	2.38	3.82	45.5	477
磷酸钙层析	0.45	15.05	6.77	0.90	0.41	16.70	33.9	209
凝胶过滤	0.52	9.80	5.09	0.22	0.11	45.60	25.5	570

从表 2-2 可知猪肝异柠檬酸脱氢酶被提纯 570 倍，得率是 25.5%。

在盐析时，蛋白质的溶解度与溶液中离子强度（见电泳部分）的关系可用式（2-1）表示：

$$\lg \frac{S}{S_0} = -K_S \times I \qquad (2-1)$$

式中 S_0——蛋白质在纯水（离子强度 $I=0$）中的溶解度；

S——蛋白质在离子强度为 I 的溶液中的溶解度；

K_S——盐析常数。

上述公式中当温度和 pH 一定时，S_0 仅取决于蛋白质的性质。因此对于同一蛋白质，在一定温度和 pH 时，S_0 是一常数。

设 $\lg S_0 = \beta$，则 $\lg S = \beta - K_S \times I$。

盐析常数 K_S 主要取决于盐的性质（盐的离子价数和离子平均半径），也和蛋白质的性质有关。不同的蛋白质在同一种盐溶液中的 K_S 值不同，K_S 值越大，盐析效果越好。从上述公式可知在温度和 pH 一定的同一种盐溶液中，不同蛋白质有各自一定的 β 和 K_S 值。可以通过改变盐的离子强度来分离不同的蛋白质，这种方法称分段盐析法。对于同一种盐溶液，如果保持离子强度不变，通过改变温度和 pH 来改变 β 值，也可达到盐析分离的目的，这种方法称为 "β 分段盐析法"。

盐析法提纯蛋白质时应考虑以下几个条件的选择。

1. 盐的种类

蛋白质盐析常用中性盐，主要有硫酸铵、硫酸镁、硫酸钠、氯化钠、磷酸钠等。应用最广泛的是硫酸铵，硫酸铵的优点如下。

（1）溶解度大　25℃时硫酸铵的溶解度可达 4.1mol/L（541g/L）以上。大约每升水可溶解 767g 之多。在这一高溶解度范围内，许多蛋白质和酶都可以被盐析沉淀出来。

（2）温度系数小　硫酸铵的溶解度受温度影响不大。例如 0℃ 时，硫酸铵的溶解度仍可达到 3.9mol/L（515g/L）。对于需要在低温条件下进行酶的纯化来说，应用硫酸铵是有利的。

（3）硫酸铵不易引起蛋白质变性，对于很多种酶还有保护作用，且价格低廉，容易获得。

硫酸铵的缺点是铵离子干扰双缩脲反应，给蛋白质的定性分析造成一定困难。

2. 盐的浓度

分段盐析法是通过改变盐的浓度达到分离目的，应该将盐的浓度准确地分步提高到各种蛋白质所需的浓度。盐的浓度常用饱和度表示，饱和溶液定为100%。调整硫酸铵溶液饱和度的方法有计算、查表两种。

（1）计算法　如 S_2 为所需达到的饱和度，S_1 为原来的饱和度。V 为达到所需饱和度的溶液体积，V_0 为原来的体积。则：

$$V = V_0 \frac{S_2 - S_1}{1 - S_2} \qquad (2-2)$$

体积的改变造成的误差小于2%，可以忽略不计。

（2）查表法　可以从表2-3中直接查到将1L饱和度为 S_1 的溶液提高到饱和度为 S_2 的溶液时所需添加固体硫酸铵的质量。

表2-3　　　　　　　室温下由 S_1 提高到 S_2 时每升加固体硫酸铵的质量　　　　单位：g

S_1	S_2																	
	0.10	0.20	0.25	0.30	0.35	0.40	0.45	0.50	0.55	0.60	0.65	0.70	0.75	0.80	0.85	0.90	0.95	1.00
0	55	113	144	175	209	242	278	312	350	390	430	474	519	560	608	657	708	760
0.10		57	67	118	149	182	215	250	287	325	365	405	448	494	530	585	634	685
0.20			29	59	90	121	154	188	225	260	298	337	379	420	465	512	559	610
0.25				29	60	91	123	157	192	228	265	304	345	386	430	475	521	571
0.30					30	61	93	125	160	195	232	270	310	351	394	439	485	533
0.35						30	62	94	128	163	199	235	275	315	358	403	449	495
0.40							31	63	96	131	166	205	240	280	322	365	410	458
0.45								31	64	98	133	169	206	245	286	330	373	420
0.50									32	63	100	135	172	211	250	292	335	380
0.55										33	66	101	138	176	214	255	298	344
0.60											33	67	103	140	179	219	261	305
0.65												34	69	105	143	182	224	267
0.70													34	70	108	146	187	228
0.75														35	72	110	149	170
0.80															36	73	112	152
0.85																37	75	114
0.90																	37	76
0.95																		38

3. pH

如前所述，β 值与溶液的 pH 有密切关系。当溶液的 pH 达到蛋白质等电点时，β 值最小，蛋白质的溶解度最低，最易从溶液中析出，因此在盐析时，应控制溶液的 pH 使之接近蛋白质的等电点。

4. 温度

温度对 β 值的影响不如对 pH 的影响显著。因此，盐析对温度的要求不严格，控制低温主要是防止蛋白质变性和水解。

5. 蛋白质浓度

溶液中蛋白质浓度越高，盐析所需的盐饱和度越低。所以，盐析的蛋白质浓度不宜过低。但过高的蛋白质浓度也不适合，因会和其他蛋白质产生共沉淀作用，影响纯度。

（二）透析和超滤

1. 透析法

透析是利用蛋白质等生物大分子不能透过半透膜而进行纯化的一种方法，是将含盐的生物大分子溶液装入透析袋内，并将袋口扎好放入装有蒸馏水的大容器中，用搅拌的方法使蒸馏水不断流动，经过一段时间后，透析袋内除大分子外，小分子盐类透过半透膜进入蒸馏水中（图 2-1），使膜内外盐浓度达到平衡。如在透析过程中更换几次大容器中的液体，可以使透析袋内的溶液达到脱盐的目的。脱盐透析是应用最广泛的一种透析方法。平衡透析也是常用的透析方法之一，方法是将装有生物大分子的透析袋装入盛有一定浓度的盐溶液或缓冲液的大容器中，经过透析，袋内外的盐浓度（或缓冲液 pH）一致，从而有控制地改变被透析溶液的盐浓度（或 pH）。

如将透析袋放入高浓度吸水性强的多聚物溶液中，透析袋内溶液中的水便迅速被袋外多聚物所吸收，从而达到袋内液体浓缩的目的。这种方法称为"反透析"。可用作反透析的多聚物有聚乙二醇（polyethylene glycol，PEG）、聚乙烯吡咯烷酮（polyvinyl pyrrolidone，PVP）、右旋糖、蔗糖等。透析用的半透膜很多，玻璃纸、棉胶、动物膜、皮纸等都可用来制作半透膜。

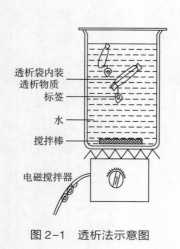

透析袋内装
透析物质
标签
水
搅拌棒
电磁搅拌器

图 2-1　透析法示意图

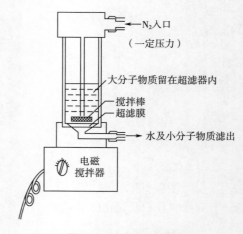

N₂入口
（一定压力）
大分子物质留在超滤器内
搅拌棒
超滤膜
水及小分子物质滤出
电磁
搅拌器

图 2-2　超滤法示意图

2. 超滤法

超滤法是利用具有一定大小孔径的微孔滤膜，对生物大分子溶液进行过滤（常压、加压或减压），使大分子保留在超滤膜上面的溶液中，小分子物质及水过滤出去，从而达到脱盐、更换缓冲液或浓缩的目的。这种利用超滤膜过滤分离大分子和小分子物质的方法称为超滤法（图 2-2）。

（三）减压浓缩和冷冻干燥

因为生物大分子通常遇热不稳定，极易变性，浓缩和干燥生物大分子不能用加热蒸发的方法。因此减压浓缩和冷冻干燥已成为生物大分子制备过程常用的浓缩干燥技术。低压冻干法是使蛋白质溶液在圆底烧瓶的瓶壁上冷冻，同时在真空中让液体升华，以得到冻干的样品。通过冷冻干燥所得的产品能够保持生物大分子物质的天然性质，还具有疏松、易于溶解的特性，便于保存和应用。这是保存生物大分子最常用和最好的方法。

二、层析技术

层析技术是近代生物化学实验中常用的分析方法之一，任何层析过程都是在两个相中进行的。一是固定于支持物上的固定相，另一是流经固定相的流动相。由于样品中各组分理化性质（如溶解度、吸附能力、分子形状、分子所带电荷的性质和数量、分子表面的特殊基团、分子质量等）不同，表现出对固定相和流动相的亲和力各不相同。当混杂物通过多孔的支持物时，它们受固定相的阻力和受流动相的推力也不同，各组分移动速度各异并在支持物上集中分布于不同的区域，从而使各组分得以分离。

根据层析法中两相的性质和操作方法不同，层析法有许多类型，仅就几种常用的方法介绍如下。

（一）吸附层析

吸附作用是指某些物质能够从溶液中将溶质浓集在其表面的现象。吸附剂吸附能力的强弱与被吸附物质的化学结构、溶剂的本质和吸附剂的本质有关。当改变吸附剂周围溶剂成分时，吸附剂对被吸附物质的亲和力便发生变化，使被吸附物质从吸附剂上解脱下来，这一解脱过程称为"洗脱"或"展层"。

吸附层析（absorption chromatography）是把吸附剂装入玻璃柱内（吸附柱层析法）或铺在玻璃板上（薄层层析法），由于吸附剂的吸附能力可受溶剂影响而发生改变，样品中的物质被吸附剂吸附后，用适当的洗脱液冲洗，改变吸附剂的吸附能力，使之解吸，随洗脱液向前移动。当解吸下来的物质向前移动时，遇到前面新的吸附剂又重新被吸附。此被吸附的物质再被后来的洗脱液解脱下来。经如此反复的吸附-解吸-再吸附-再解吸的过程，物质即可沿着洗脱液的前进方向移动，其移动速度取决于吸附剂对该物质的吸附能力。由于同一吸附剂对样品中各组分的吸附能力不同，所以在洗脱过程中各组分便会由于移动速度不同而逐渐分离出来，这就是吸附层析的基本过程。

实验中常用的固体吸附剂有氧化铝、硅酸镁、磷酸钙、氢氧化钙、弗罗里硅土、活性钙、蔗糖、纤维素和淀粉。常用的洗脱液有乙烷、苯乙醚、氯仿，以及乙醇、丙酮或水与有机溶剂形成的各种混合物，吸附层析通常用于分离脂类、类固醇类、类胡萝卜素、叶绿素以及它们的前体等非极性和极性不强的有机物。

值得提出的是，几乎所有的溶质对于所有的层析介质，即使是惰性的物质都有一定限度的吸附力，除吸附层析本身之外，吸附作用还或多或少地存在于所有其他类型的层析中。

（二）分配层析

分配层析（partition chromatography）是利用混合物中各组分在两相中分配系数不同而达到分离目的的层析技术，相当于一种连续性的溶剂抽提方法。

在分配层析中，固定相是极性溶剂（例如水、稀硫酸、甲醇等）。此类溶剂能和多孔的支持物（常用的是吸附力小、反应性弱的惰性物质，如淀粉、纤维素粉、滤纸等）紧密结合，使呈不流动状态；流动相则是非极性的有机溶剂。分配系数（K_d）是指在一定温度和压力条件下达到平衡，物质在固定相和流动相两部分的浓度比值。

$$分配系数(K_d) = \frac{物质在固定相中的浓度}{物质在流动相中的浓度}$$

在层析过程中，当有机溶剂流动相流经样品点时，样品中的溶质便按其分配系数部分地转入流动相向前移动。当经过前方固定相时，流动相中的溶质就会进行分配，一部分进入固定相。通过这样不断进行的流动和再分配，溶质沿着流动方向不断前进。各种溶质由于分配系数不同，向前移动的速度也各不相同。分配系数较大的物质，由于分配在固定相多些，分配在流动相少些，溶质移动较慢；而分配系数较小的物质，流动速度较快。从而将分配系数不同的物质分离开来。

支持物在分配层析中起支持固定相的作用，根据其使用方式也分柱层析和薄层层析两种。用滤纸做支持物的纸层析法是最常用的分配层析。实验中应选用厚度适当、质地均一、含金属离子（钙、铜、镁、铁等）尽量少的滤纸为支持物。滤

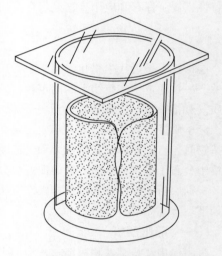

图 2-3 纸层析法示意图

纸中吸附着的水（含 20%~22%）是常用的固定相。酚、醇是常用的流动相。展层方法多可采用垂直型（图 2-3），也可采用水平型。把欲分离的样品点加于纸的一端，使流动相经此移动，这样在两相间就发生分配现象。根据样品中各组中的分配系数不同，它们就逐渐集中于纸上不同的部位。各组分在滤纸上的移动速度可用 R_f 值来表示。

$$R_f = \frac{溶质层析点中心到原点中心的距离}{溶剂前沿到原点中心的距离}$$

在纸层析中，R_f 值的大小主要取决于该组分的分配系数。分配系数大者移动速度慢，R_f 值也小；反之分配系数小者移动速度快，R_f 值也大。因为每种物质在一定条件下对于一定的溶剂系统，其分配系数是一定的，R_f 值也恒定。因此可以根据 R_f 值对分离的物质进行鉴定。

有时几种成分在一个溶剂系统中层析所得 R_f 值相近，不易分离清楚。这时可以在第一次层析后将滤纸吹干逆转 90°，再采用另一种溶剂系统进行第二次层析，往往可以得到满意的分离效果。这种方法称为"双向纸层析法"［图 2-4（2）］，以与一般的"单向纸层析"相区别［图 2-4（1）］。

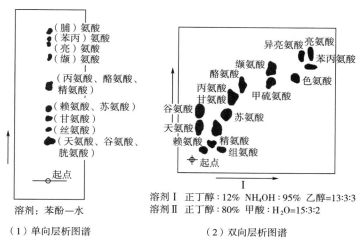

溶剂：苯酚—水

（1）单向层析图谱

溶剂Ⅰ　正丁醇：12%　NH_4OH：95%　乙醇=13:3:3
溶剂Ⅱ　正丁醇：80%　甲酸：H_2O=15:3:2

（2）双向层析图谱

图2-4　氨基酸单向（1）与双向（2）纸层析色谱图

（三）离子交换层析

离子交换层析（ion-exchange chromatography）是利用离子交换剂对需要分离的各种离子具有不同的亲和力（静电引力）而达到分离目的的层析技术。离子交换层析的固定相是离子交换剂，流动相是具有一定 pH 和一定离子强度的电解质溶液。

离子交换剂是具有酸性或碱性基团的不溶性高分子化合物，这些带电荷的酸性或碱性基团与其母体以共价键相连，这些基团所吸引的阳离子或阴离子可以与水溶液中的阳离子或阴离子进行可逆的交换。因此根据可交换离子的性质将离子交换剂分为两大类：阳离子交换剂和阴离子交换剂（图2-5）。

根据离子交换剂的化学本质，可将其分为离子交换树脂、离子交换纤维素和离子交换葡聚糖等多种。

离子交换树脂是人工合成的高分子化合物，生化实验中所用的离子交换树脂多为交联聚苯乙烯衍生物。离子交换树脂多用于样品去离子，从废液中回收所需的离子和水的处理等。由于它可使不稳定的生物大分子变性，因此不适用于对生物样品进行分离。

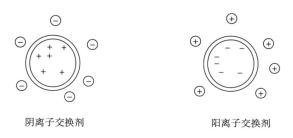

阴离子交换剂　　　　　　　阳离子交换剂

图2-5　离子交换剂及其吸附的电荷

离子交换纤维素可用于生物大分子的分离。其缺点是分子形态不规则，孔隙不均一，对要求非常严格的试验分离结果尚不够满意。

较为理想的离子交换剂是离子交换葡聚糖凝胶和离子交换琼脂糖凝胶。它们具有颗粒整齐，孔径均一等优点，往往得到较好的分离效果。

根据各种离子交换剂所带酸性和碱性功能团的不同和其解离能力的差异，各种交换剂又可进一步分为强酸型、弱酸型、强碱型和弱碱型四种，现列于表 2-4。

表 2-4　　　　　　　　　　　　　离子交换剂的类型及其功能基团

类型		名称	功能基团
阳离子交换树脂	强酸型	Dowex 50 国产强酸 1×7（732） IR-120Zerolit 225	磺酸基—SO_3H
	弱酸型	IRC-150Zerolit 226 国产弱酸 101×128（724）	羧基—COOH
阴离子交换树脂	强碱型	Dowex 1 Dowex 2 　201×7（713）及 国产 201×4（714） Zerolit FF IRA-400	季铵基—N^+R_3
	弱碱型	IR-45 Dowex 3 国产弱碱 301（701） Zerolith	伯胺基—N^+H_3 仲胺基—N^+H_2R 叔胺基—N^+HR_2
阳离子交换纤维素	强酸型	磷酸纤维素（P） 磺甲基纤维素（SM） 磺乙基纤维素（SE）	磷酸基—O—PO_3^- 磺甲基—O—$CH_2SO_3^-$ 磺乙基—O—$CH_2CH_2SO_3^-$
	弱酸型	羧甲基纤维素（CM）	羧甲基—O—CH_2COO^-
阴离子交换纤维素	强碱型	三乙基氨基乙基纤维素 （TEAE）	三乙基氨基乙基 —O—$CH_2CH_2N^+(CH_2CH_3)_3$
	弱碱型	二乙基氨基乙基纤维素 （DEAE） 氨基乙基纤维素（AE） 三羟乙基氨基纤维素 （ECTEOLA）	二乙基氨基乙基 —O—$CH_2CH_2N^+H(CH_2CH_3)_2$ 氨基乙基—O—$CH_2CH_2N^+H_3$ 三羟乙基氨基—$N^+(CH_2CH_2OH)_3$
阳离子交换葡聚糖凝胶	强酸型	SE—葡聚糖凝胶 G25 SE—葡聚糖凝胶 G50 SP—葡聚糖凝胶 G25 SP—葡聚糖凝胶 G50	磺乙基—O—$CH_2CH_2SO_3^-$ 磺丙基—$CH_2CH_2CH_2SO_3^-$
	弱酸型	CM—葡聚糖凝胶 G25 CM—葡聚糖凝胶 G50	羧甲基—O—CH_2COO^-

续表

类型		名称	功能基团
阴离子交换葡聚糖凝胶	强碱型	QAE—葡聚糖凝胶 A25 QAE—葡聚糖凝胶 A50	二乙基（2-羟丙基）氨基乙基 $—O—CH_2CH_2N^+(CH_2CH_3)_2CH_2OHCH_3$
	弱碱型	DEAE—葡聚糖凝胶 A25 DEAE—葡聚糖凝胶 A50	二乙基氨基乙基 $—O—CH_2CH_2N^+H(CH_2CH_3)_2$

离子交换层析的基本过程是：离子交换剂经适当处理装柱后，应该先用酸或碱处理（视具体情况，可用一定 pH 的缓冲液处理），使离子交换剂变成相应的离子型（阳离子交换剂带负电并吸引相反离子 H^+，阴离子交换剂带正电并吸引相反离子 OH^-）加入样品后，使样品与交换剂所吸引的相反离子（H^+ 或 OH^-）进行交换，样品中待分离物质便通过电价键吸附于离子交换剂上面。然后用基本上不会改变交换剂对样品离子亲和状态的溶液（如起始缓冲液）充分冲洗，使未吸附的物质洗出。洗脱待分离物质时常用的两种方法，一是制作电解质浓度梯度，即离子强度梯度。通过不断增加离子强度，吸附到交换剂上的物质根据其静电引力的大小而不断竞争性地解脱下来（图 2-6）；二是制作 pH 梯度，影响样品电离能力，也使交换剂与样品离子亲和力下降，当 pH 梯度接近各样品离子的等电点时，该离子就被解脱下来。在实际工作中，离子强度梯度和 pH 梯度可以是连续的（称梯度洗脱），也可以是不连续的（称阶段洗脱）。一般来讲，前者的分离效果比后者的分离效果理想，梯度洗脱需要梯度混合器来制造离子强度梯度或 pH 梯度。图 2-7 是最简单的梯度混合器，它由两个容器组成，两容器之间以连通管相连接，与出口连接的容器装有搅拌装置，内盛起始洗脱液，此洗脱液代表开始洗脱的离子强度（或起始 pH）；另一容器内盛有终末洗脱液，此洗脱液代表洗脱的最后离子强度（或最后 pH）。在洗脱过程中，由于终末洗脱液不断进入起始洗脱液中，并不断被搅拌均匀，所以流出的洗脱液成分不断地由起始状态向终末状态演变，形成连续的梯度变化。

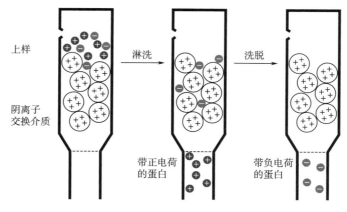

图 2-6 离子交换层析基本过程举例

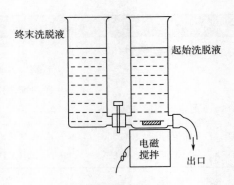

图2-7 梯度混合器

（四）凝胶过滤层析

凝胶过滤（gel filtration）是利用具有一定口径范围的多孔凝胶的分子筛作用对生物大分子进行分离的层析技术。当样品随流动相经过由凝胶组成的固定相时，分子质量大的物质不能扩散进入凝胶颗粒内部，于是随流动相流经颗粒之间的狭窄空隙，首先洗脱出层析柱；分子质量小的物质可以扩散进入凝胶颗粒内部，比较大分子质量物质流经的截面积宽，流动速度慢，于是与分子质量大的物质分离开来，最后被洗脱出来（图2-8）。即固定相的网孔对不同分子质量的样品成分具有不同的阻滞作用，使之以不同的速度通过凝胶柱，从而达到分离的目的，凝胶过滤又因此得名"分子筛层析"和"凝胶排阻层析"。

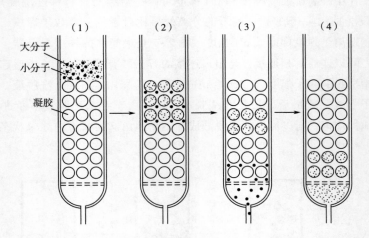

图2-8 凝胶层析分离层析图

（1）样品（其中含有大小不同的分子）溶液加在层析柱顶端；（2）样品溶液流经层析柱，小分子通过扩散作用进入凝胶颗粒的微孔中，而大分子则被排阻于颗粒之外。大、小分子因向下移动的速度发生差异而将大、小分子分离开来；（3）向层析柱顶加入洗脱液，大、小分子分开的距离增大；（4）大分子已经流出层析柱

在实际工作中，对于同一个凝胶柱来讲，各种分子质量的物质有其固定的洗脱体积。因此，准确掌握凝胶柱的一些基本因素是十分有益的。

凝胶柱的总体积（V_t）：凝胶颗粒之间空隙的体积（外水体积 V_0）、凝胶颗粒网眼内的体积（内水体积 V_i）和凝胶颗粒基质本身的体积（V_r）的总和（图 2-9）。

$$V_t = V_0 + V_i + V_r \tag{2-3}$$

如果被分离的物质分子质量很大，完全不能进入网孔内，那它从柱上洗脱下来（小样品时以洗脱峰为准）所需的洗脱液体积（V_e）就等于颗粒间隙的体积（V_0），即 $V_e = V_0$。如果被分离物质的分子质量极小，可以非常自由地通过网孔即进出凝胶颗粒，那么它的洗脱液体积就应当等于颗粒内和颗粒间隙体积的总和（$V_e = V_0 + V_i$）。至于分子质量位于上两者之间的，其洗脱体积便位于 V_0 和 $V_0 + V_i$ 之间。可见，分子质量大小不同的物质，其洗脱体积不同，从而可以用于物质的分离。另外，如果在有已知分子质量的标准物质做对照的条件下，就可以根据洗脱体积来估计待测物质的分子质量（图 2-10）。

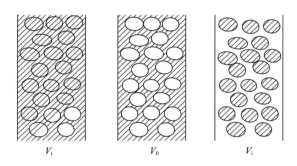

图 2-9　凝胶过滤的 V_t、V_0 和 V_i

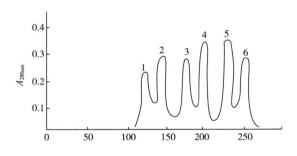

洗脱体积/mL

图 2-10　几种标准物质凝胶过滤图

Sephadex G-200（超细颗粒）柱 2.6cm×70cm，洗脱液：0.05mol/L 磷酸钾缓冲液，
内含 0.1mol/L NaCl 及 0.2g/L NaN$_3$，流速 1mL/（cm^2·h）。
1—过氧化氢酶（210 000）；2—醛缩酶（158 000）；3—牛血清白蛋白（67 000）；
4—卵清蛋白（43 000）；5—糜蛋白酶原 A（25 000）；6—核糖核酸酶 A（13 700）

凝胶过滤除用于生物大分子的分离、相对分子质量测定外，还可用于提纯、脱盐和复合物组分成分分析等。

适用于做凝胶过滤的材料有多种，主要有葡聚糖凝胶颗粒（SephadexG）、琼脂糖凝胶颗粒（Sepharose）和聚丙烯酰胺凝胶颗粒（Bio Geip）等。现将这些凝胶颗粒的种类和某些应用数据列于表 2-5。

不论何种凝胶，其共同特点是化学性质稳定，不带电，与待分离物质吸附力很弱，不影响待分离物质的生物活性，样品得率可达 100%，凝胶过滤还有操作简便，凝胶柱不经特殊处理便可反复使用等特点，是近年来被广泛应用的生化技术之一。

表 2-5 　一些凝胶过滤用凝胶颗粒

凝胶种类	型号	每克溶胀柱床体积/mL	溶胀所需时间/h 22℃	100℃	适用于分离球形蛋白质的相对分子质量范围
葡聚糖凝胶	G-10	2~3	3	1	<700
	G-15	2.5~3.5	3	1	<1500
	G-25	4~6	3	1	1000~5000
	G-50	9~11	3	1	1500~30000
	G-75	12~15	24	3	3000~70000
	G-100	15~20	72	5	4000~150000
	G-150	20~30	72	5	5000~300000
	G-150 超细	10~22	72	5	5000~150000
	G-200	30~40	72	5	5000~60000
	G-200 超细	20~25	72	5	5000~250000
聚丙烯酰胺凝胶	P-2	3.8	4	2	200~1800
	P-4	5.8	4	2	800~4000
	P-6	8.8	4	2	1000~6000
	P-10	12.4	4	2	1500~20000
	P-30	14.8	12	3	2500~40000
	P-60	19.0	12	3	3000~60000
	P-100	19.0	24	5	5000~150000
	P-150	24.0	24	5	15000~150000
	P-200	34.0	48	5	30000~200000
	P-300	40.0	48	5	60000~400000
琼脂糖凝胶颗粒	6B		（以溶胀状态出售）		$4×10^6$
	4B				$20×10^6$
	2B				$40×10^6$

（五）亲和层析

亲和层析（affinity chromatography）是近年来受到广泛关注并得到迅速发展的提纯、分离方法之一。许多物质都具有和某化合物发生特异性可逆结合的特性。例如，酶与辅酶或酶与底物（产物或竞争性抑制剂等），抗原与抗体，凝集素与受体，维生素与结合蛋白，凝集素与多糖（或糖蛋白、细胞表面受体），核酸与互补链（或组蛋白、核酸多聚酶、结合蛋白），以及细胞与细胞表面特异蛋白（或凝集素）等。亲和层析就是利用化学方法将可与待分离物质可逆性特异结合的化合物（称配体）连接到某种固相载体上，并将载有配体的固相载体装柱，当待提纯的生物大分子通过此层析柱时，此生物大分子便与载体上的配体特异地结合而留在柱上，其他物质则被冲洗出去。然后再用适当方法使这种生物大分子从配体上分离并洗脱下来，从而达到分离提纯的目的（图 2-11）。

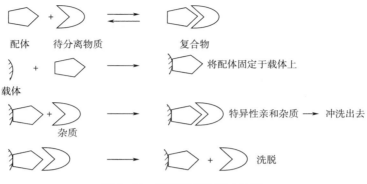

图 2-11　亲和层析的基本原理

亲和层析由于配体与待分离物质进行特异性结合，所以分离提纯的效率极高，提纯度可达几千倍，是当前最为理想的提纯方法。亲和层析配体与待分离物质特异性结合性质还可用来从变性的样品中提纯出其中未变性部分，从大量污染的物质中提纯小量所需成分，亲和层析还可用来从极度稀薄的液体中浓缩其溶质。

亲和层析所用的载体和凝胶过滤所要求的凝胶特性相同，即化学性质稳定，不带电荷，吸附能力弱，网状疏松，机械强度好，不易变形，保障流速的物质。聚丙烯酰胺凝胶颗粒、葡聚糖凝胶颗粒以及琼脂糖凝胶颗粒都可用，其中以琼脂糖凝胶 Sephadex 4B 型应用最广泛。亲和层析的关键是设法选择合适的配体并将此配体与载体化学连接起来，形成稳定的共价键，这需要在实际工作中根据需要加以选择和试验。

（六）疏水作用层析

疏水作用层析（hydrophobic interaction chromatography，HIC）是根据分子表面疏水性差别来分离蛋白质和多肽等生物大分子的一种较为常用的方法，它作为对其他根据蛋白质电荷、大小、生物特异性识别等来进行分离的方法的有效补充，广泛地用于蛋白质纯化。"疏水作用"一词是 Kauzmann 于 1959 年首次提出的，随后陆续有学者发表用疏水层析成功分离蛋白质的文献：如钙调蛋白、苯丙氨酸裂解酶、凝集素等。

蛋白质的一级结构中有很多非极性氨基酸，这些氨基酸在三级结构上由于疏水相互作用会被尽量包在分子内部，但是仍不可避免地有一些非极性侧链暴露在表面。虽然疏水氨基酸大多被包埋在球形蛋白内部，有些则暴露在外，在蛋白质表面形成疏水区域。如果在水溶液中加入中性盐，使溶液处于高盐浓度时，可以破坏蛋白质分子表面水分子的有序排列，使大分子与分离介质的功能基团之间产生疏水作用。同时，由于高盐的存在，使蛋白质分子的疏水基团暴露增多，增加了大分子的疏水性，增强了蛋白质分子与分离介质功能基团之间的疏水作用，相互结合力增强。在疏水作用的驱动下，蛋白质分子从溶液中被吸附到分离介质上，改变了蛋白质分子在水相与分离介质相中的分配系数，达到吸附的目的。在目标产物被分离介质吸附后，使用低盐含量的溶液通过层析柱，降低了蛋白质大分子与分离介质之间的疏水作用，使目标产品脱离分离介质，扩散到溶液中，达到洗脱的目的，各种大分子的疏水性强度不同，与分离介质之间的疏水作用不同，各有用物质根据疏水性的强弱将依次被洗脱，出现不同的洗脱峰，达到多种物质分离的目的。此外，离子强度的改变，有机溶剂的存在，温度和 pH（尤其在等电点，没有表面净电荷时）也能影响蛋白质结构和溶解度，最终影响和其他疏水表面的相互作用。

疏水层析的基本操作与其他层析大致相同，也需要经过层析柱的制备、平衡、加样与洗脱、再生等过程。疏水性吸附剂种类多，选择余地大，价格与离子交换剂相当。在疏水层析的主要支持介质上含有大小不等的疏水侧链、烷基或芳香基（图 2-12），可是绝大多数情况起作用的是苯基或辛基。当碳氢链长度增加，即变得更疏水时，疏水强的少量蛋白质被吸附。这时疏水相互作用太强，需用极端方法洗脱，可能会导致蛋白质变性。苯基琼脂糖比辛基琼脂糖疏水性低，是疏水纯化中效果不错的常用介质，尤其是适用于纯化开始时。

疏水柱层析适用于分离的任何阶段，尤其是样品离子强度高时，即在盐析、离子交换或亲和层析之后用，具有与蛋白质作用条件温和、选择性强、有优良的物理和化学稳定性、无环境污染等优点，还易于和其他层析技术联合使用，可减少操作步骤，节约生产成本。

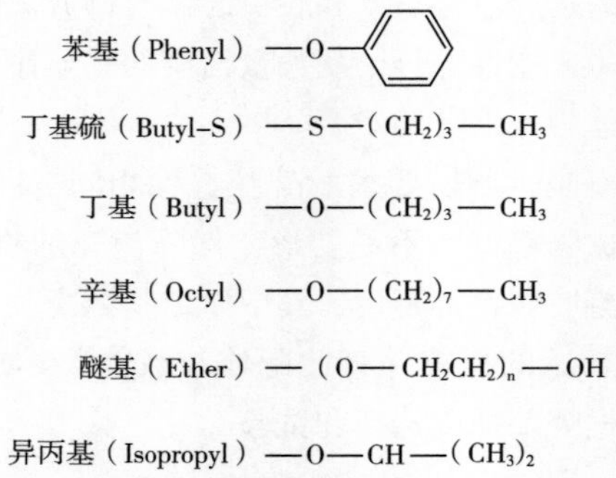

苯基（Phenyl）—O—⬡

丁基硫（Butyl-S）—S—$(CH_2)_3$—CH_3

丁基（Butyl）—O—$(CH_2)_3$—CH_3

辛基（Octyl）—O—$(CH_2)_7$—CH_3

醚基（Ether）—$(O—CH_2CH_2)_n$—OH

异丙基（Isopropyl）—O—CH—$(CH_3)_2$

图 2-12　疏水作用层析基质上的不同配基

三、电泳技术

（一）基本原理

目前电泳技术已被广泛应用于蛋白质、核酸和氨基酸等物质的分离和鉴定。

在溶液中，带电粒子在外加电场的作用下，向相反电极方向移动的现象，称为电泳。电泳时不同的带电粒子在同一电场中泳动速度不同。电泳速度常用泳动率（M）来表示。泳动率也称迁移率，它等于泳动速度（v）与电场强度（E）之比［式（2-4）］，即带电粒子在单位电场强度下的泳动速度称泳动率。

$$M = \frac{v}{E} \tag{2-4}$$

因

$$v = \frac{L}{t} \tag{2-5}$$

和

$$E = \frac{V}{d} \tag{2-6}$$

在式（2-5）中，L 为泳动距离，t 为通电时间；在式（2-6）中，V 为加在支持物两端的端电压，d 为支持物的有效长度。

将式（2-5）和式（2-6）代入式（2-4）得：

$$M = \frac{L\,d}{V\,t} \tag{2-7}$$

由式（2-7）可知，当 d、L、V 及 t 等数值为已知时（实验测得），可以计算求得泳动率 M 的值。

（二）影响泳动率的因素

根据物理学原理，带电粒子在电场中所受电场力（F）等于电场强度与粒子所带电量的乘积。

$$F = E\,Q \tag{2-8}$$

式中　E——电场强度；

　　　Q——粒子所带电量。

又据 Stokes 定律，一个球形分子在溶液中泳动时，受到的阻力（F'）与球形分子的半径（r）、溶液的黏度（η）及泳动速度（v）成正比，其比例系数为 6π。即：

$$F' = 6\pi r\eta v \tag{2-9}$$

当带电粒子所受的电场力 F 与阻力 F' 相等时，即 $F = F'$，就有：

$$E\,Q = 6\pi r\eta v \tag{2-10}$$

式（2-10）两端同时除 $6\pi r\eta E$，得：

$$\frac{v}{E} = \frac{Q}{6\pi r\eta} \tag{2-11}$$

由式（2-4）和式（2-11）可得：

$$M = \frac{Q}{6\pi r\eta} \tag{2-12}$$

由式（2-12）可见，泳动率与球形分子所带电荷电量成正比，与球形分子的大小及介质黏度成反比。泳动率除受上述自身性质及介质黏度的影响外，还受其他外界因素的影响。

1. 电泳介质 pH 的影响

对于蛋白质和氨基酸等两性分子，电泳介质的 pH 决定了它们所带净电荷性质和多少。pH 小于等电点，分子带正电荷，向负极泳动，如果 pH 大于等电点，分子带负电荷，向正极泳动。pH 偏离等电点越远，分子所带净电荷越多，其泳动速度越快。当缓冲液 pH 等于其等电点时，分子处于等电状态，不移动。由于血清蛋白质的等电点多在 pH 4~6 之间，因此，分离血清蛋白常用 pH 8.6 的巴比妥缓冲液或三羟甲基氨基甲烷（Tris）缓冲液。

2. 缓冲液的离子强度

离子强度是表示溶液中电荷数量的一种量度。离子强度等于溶液中各种离子的摩尔浓度与其价数平方之积总和的一半。

$$I = 1/2 \ \sum m_i Z_i^2 \tag{2-13}$$

式中　m_i——离子的摩尔浓度；

　　　Z_i——相应离子的价数。

例 1　两个单价离子化合物（如 NaCl）离子强度在数值上等于它的摩尔浓度，如 0.05mol/L NaCl 溶液的离子强度为：

$$I = 1/2(0.05 \times 1^2 + 0.05 \times 1^2) = 0.05$$

例2 两个二价化合物（$CuSO_4$）的离子强度在数值上等于它的摩尔浓度的4倍，例如 0.05mol/L $CuSO_4$ 溶液的离子强度为：

$$I = 1/2(0.05 \times 2^2 + 0.05 \times 2^2) = 0.20$$

溶液中的离子浓度越大，或离子的价数越高，离子强度就越大。对缓冲液来说，离子强度过低主要是影响缓冲液的缓冲容量，不易维持介质 pH 的恒定；离子强度过高，带电粒子的电泳速度减慢。这是由于带电的生物大分子吸附溶液中的反电荷离子（图2-13）形成反离子氛，犹如大气层包围地球。距离中心离子越近，反离子密度越大；反之，密度越小。根据反离子与中心离子结合的紧密程度不同，可将反离子层分为吸附层和扩散层。在电场的作用下，吸附层的反离子随中心离子一起泳动。离子强度越大，吸附层反离子越多，泳动粒子团的净电荷越少，泳动速度也就越慢。

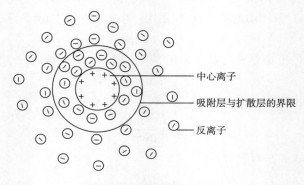

图2-13 离子氛示意图

3. 电渗

在电场中，液体对于固体支持物的相对移动称为电渗。电渗是由于支持物带有电荷所引起的。支持物上的电荷使介质中的水感应产生相反电荷。如纸上电泳所用的滤纸纤维素带有负电荷；琼脂电泳中，所用的琼脂由于大量硫酸根的存在也带有负电荷，它们使水感应产生水合氢离子（H_3^+O）。在外电场的作用下，水向负极移动。如果被测定样品也带正电荷，则移动更快；如果被测定样品带负电荷，则移动减慢。所以电泳时，颗粒泳动所表现的速度决定于颗粒本身的泳动速度和溶液的电渗作用。因此在选用支持物时，应尽量避免高电渗作用的物质。

4. 电场强度的影响

电场强度增高，带电粒子受到的电场力增大，泳动速度加快，但泳动率不变。

随着电场强度的增高，电流强度增加，产热也增多。产热的不良后果是：①引起水的蒸发，改变溶液 pH 及离子强度；②引起介质温度升高，可使蛋白质变性。因此，电泳必须控制电压在一定范围之内，当进行高压电泳时，必须装备有效的冷却装置。

（三）电泳技术的种类

电泳技术的种类很多。根据有无固体支持物，可分为两大类，即界面电泳和区带电泳。界面电泳是指在溶液中进行的电泳，没有固体支持物。当溶液中有几种带电粒子时，通电后由于不同种类粒子泳动速度不同，在溶液中形成相应的区带界面，但区带界面由于扩散而易于互相重叠，不易得到纯品，且分离后不易收集，故目前已很少应用界面电泳。区带电泳是指在支持物上进行的电泳。支持物将溶液包绕在其网孔中，防止溶液自由移动。通电后各种带电粒子可以形成许多清晰的区带。故区带电泳的分离效果远比界面电泳的好。根据支持物的不同，常用的区带电泳又可分为醋酸纤维素薄膜电泳、琼脂糖凝胶电泳、聚丙烯酰胺凝胶电泳及高效毛细管电泳等。

1. 醋酸纤维素薄膜电泳

醋酸纤维素薄膜电泳是利用醋酸纤维素薄膜做固体支持物的电泳技术，和纸上电泳相似，并且是在其基础上发展起来的，该电泳技术具有比纸电泳电渗小、分离速度快、样品用量小，而分辨率高、分离清晰等优点。

2. 琼脂糖凝胶电泳

琼脂糖（agarose）是经过挑选，以质地较纯的琼脂（agar）作为原料而制成的。琼脂在化学上是由琼脂糖和琼脂胶组成的复合物。琼脂胶是一种含有硫酸根和羟基的多糖，它具有离子交换性质，这种性质会给电泳及凝胶过滤以不良的影响。琼脂糖是直链多糖，它由 D-半乳糖和 3，6-脱水-L-半乳糖的残基交替排列组成（图 2-14）。

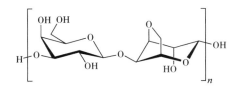

图 2-14　琼脂糖结构中的一个链段

琼脂糖主要通过氢键而形成凝胶。电泳时因凝胶含水量大（98% ～ 99%），近似自由电泳，固体支持物的影响较少，故电泳速度快，区带整齐。而且由于琼脂糖不含带电荷的基团，电渗影响很少，是一种较好的电泳材料，分离效果较好。

3. 聚丙烯酰胺凝胶电泳

聚丙烯酰胺凝胶是一种人工合成的凝胶，具有机械强度好、弹性大、透明、化学稳定性高、无电渗作用、设备简单、样品小（1 ～ 100μg）、分辨率高等优点，并可通过控制单体浓度或单体与交联剂的比例，聚合成不同孔径大小的凝胶，可用于蛋白质、核酸等分子大小不同的物质的分离、定性和定量分析。还可结合解离剂十二烷基硫酸钠（SDS），以测定蛋白质亚基的相对分子质量。

根据凝胶支柱形状不一，可分为盘状电泳和垂直板型电泳。盘状电泳是在直立的玻璃管内利用不连续的缓冲溶液、pH 和凝胶孔径进行的电泳。垂直板型电泳是将聚丙烯胺凝胶聚合成方形或长方形薄片状，薄片可大可小。聚丙烯酰胺凝胶电泳的优点是：

（1）在同一条件下可同时做多个要比较的样品。

（2）一个样品在第一次电泳后可将薄片转 90°进行第二次电泳，即双向电泳，这样可提高分辨率。

（3）便于电泳后进行放射自显影的分析。

聚丙烯酰胺凝胶电泳的缺点是制备凝胶时较盘状电泳复杂，所需电压较高，电泳时间长。

不连续聚丙烯酰胺凝胶电泳由于同时兼有电荷效应、浓缩效应和分子筛效应，因此具有很高的分辨率。其分子筛效应主要由凝胶孔径大小决定，而决定凝胶孔径大小的主要是凝胶的浓度，例如，7.5%的凝胶孔径平均为5nm，30%的为2nm左右。但交联剂对电泳泳动率也有影响，交联剂质量对总单体质量的百分比越大，则电泳泳动率越小。不管交联剂是以何种方式影响电泳时的泳动率，总之它是影响凝胶孔径很重要的一个参数。为了使试验的重复性较高，在制备凝胶时对交联剂的浓度、交联剂与丙烯酰胺的比例、催化剂的浓度、聚胶所需时间等影响泳动率的因子都应尽可能保持恒定。

4. 高效毛细管电泳

（1）基本原理　高效毛细管电泳（high performance capillary electrophoresis，HPCE）和一般电泳法的区别在于使用毛细管柱。在熔融石英毛细管内壁覆盖一层硅氧基（Si-O）阴离子，由于吸引了溶液中的阳离子，由此在毛细管内壁形成表面带阴离子的双电层。层外缘扩散层中富集的阳离子被电场阴极吸引导致溶液向阴极的流动，这种效应称为电渗（electroosmosis）。电渗速度 V_{eo} 和电场强度 E 成正比，电渗速度 V_{eo} 和电场强度 E 的比值为电渗淌度 μ_{eo}，即：

$$\mu_{eo} = V_{eo}/E \tag{2-14}$$

电渗淌度与硅氧层表面的电荷密度成正比，与离子强度的平方根成反比。在低 pH 条件下，硅氧层形成分子（Si—OH），因而减少了表面电荷密度，故电渗速度减小。如在 pH 9 的硼砂缓冲液中电渗速度约 2mm/s，而在 pH 3 介质中电渗速度减小约一个数量级。影响电渗的一个重要因素是毛细管中因电流作用产生的焦耳热，能使得柱中心的温度高于边缘的温度，形成抛物线型的温度梯度，管壁附近温度低，中心温度高，结果使电渗速度不均匀而造成区带变宽，柱效降低。为此，应避免使用过长和内径大于 $50\mu m$ 的毛细管柱，还应注意减小毛细管的壁厚，选择适宜的电压和缓冲液及使用良好的冷却系统。

HPCE 中观察到的离子淌度是离子的电泳淌度 μ_{ep} 和溶液的电渗淌度的加和。定义表观淌度为 μ_{app}，则：

$$\mu_{app} = \mu_{ep} + \mu_{eo} \tag{2-15}$$

根据以上的讨论，带正电荷的离子的 $\mu_{ep} > 0$，$\mu_{eo} > 0$，故 μ_{app} 总是为正号，离子向阴极移动；而带负电荷的离子受电泳流的影响被阴极排斥，$\mu_{ep} < 0$，在高 pH 条件下，若 $\mu_{eo} > \mu_{ep}$，μ_{app} 仍为正号，离子仍然可向阴极移动，但在低 pH 条件下，μ_{app} 可为负号，离子将向反方向移动。此时必须改变电场方向，方可检测到欲分析的离子。

对于实际淌度为 μ_{net}（net 指 net speed）的组分，表观淌度可由下式计算：

$$\mu_{app} = \mu_{net}/E = \frac{L_d/t}{V/L_t} \tag{2-16}$$

式中　L_d——从进样口到检测器的实际柱长；

　　　L_t——总柱长；

　　　V——电压；

　　　t——所需的分析时间。

实际测试电渗淌度时可用中性组分，此时 $\mu_{ep} = 0$，$\mu_{eo} = \mu_{app}$，上式为：

$$\mu_{eo} = \mu_{中性}/E = \frac{L_d/t}{V/L_t} \tag{2-17}$$

HPCE 的毛细管容易冷却，故可以使用 20～30 kV 的高电压，由于管内径只有 25～100μm，无涡流扩散，使传质阻抗趋于零，因此，有很高的分辨率。电解质液由毛细管阳极端进入毛细管，携带被分离的组分可以从毛细管阴极端流入检测器的比色池，电泳过程与结果分析均容易自动化。因此 HPCE 已成为效率极高的现代分析仪器，在生物化学与分子生物学中得到日益广泛的应用。

（2）类型及应用

①毛细管区带电泳：毛细管区带电泳（capillary zone elctrophoresis，CZE）的分离基于组分淌度的区别，一般毛细管内壁带负电荷。电渗流从阳极移动至阴极，流出顺序是阴离子<中性分子<阳离子。若毛细管内壁涂上一层阳离子表面吸附剂，则极性颠倒，流出顺序是阳离子<中性分子<阴离子。

毛细管区带电泳具有分离方便、快速、样品用量小的特点，在无机离子、有机物（氨基酸、蛋白质）及各种生物样品的测试中有着广泛的应用。

②胶束电动毛细管色谱：CZE 主要用于分析带电荷的离子，对中性分子的测试主要是依靠电渗的作用，分离比较困难。此时可应用胶束电动毛细管色谱（micellar electrokinetic capillary chromatography，MECC）进行分离分析。

MECC 是在缓冲溶液中加入表面活性剂，当表面活性剂浓度超过临界胶束浓度时，则形成荷电胶束。而当无胶束存在时，所有中性分子将同时到达检测器，有胶束时带负电荷的胶束在电场作用下向相反方向泳动，溶质分子在胶束和水相间形成平衡，在溶液的电渗流和胶束的电泳流的共同作用下分离。溶质分子在胶束内停留时间越长，其迁移所需时间即保留时间越长。

最常用的表面活性剂是十二烷基硫酸钠（SDS）。各种阴阳离子表面活性剂和环糊精等添加剂使得本法有相当多的选择余地，可广泛用于各种类型的样品，在手性分离中也有成功的应用。

③毛细管凝胶电泳：毛细管凝胶电泳（capillary gel electrophoresis，CGE）是在毛细管中填充具线状缠结聚合物结构的物理凝胶，使样品中各组分通过净电荷差异和分子大小差异双重机制得以分离。CGE 在蛋白质、多肽、DNA 序列分析中得到成功应用，已成为生命科学基础和应用研究中有力的分析工具。

近年来，其他类型的毛细管电色谱法（capillary electro chromatography，CEC）发展很快。其中填充毛细管电色谱法（packed colomn CEC）是将细粒径固定相填充在毛细管柱中，开管毛细管电色谱法（open tubular CEC）是把固定相的官能团键合在毛细管内壁表面而形成的色谱柱。CEC 是很有前途的分析方法。

四、聚合酶链式反应（PCR）技术

（一）PCR 原理

聚合酶链式反应（polymerase chain reaction，PCR）是一种选择性体外扩增核酸的方法。是 20 世纪 80 年代中期发展起来的体外核酸扩增技术。最早核酸体外扩增的设想是由 Khoran 于 1971 年提出，1985 年，美国科学家 Kary Mullis 实现了这个设想，发明了 PCR 技术，并因此获得 1989 年诺贝尔化学奖。目前该方法已经成为生命科学研究领域中最常规的实验方法之一。PCR 技术具有特异、敏感、产率高、快速、简便、重复性好、易自动化等突出优点；能在一个试管内将所要研究的目的基因或 DNA 片段于数小时内扩增至十万乃至百万倍，可从一根毛发、一滴血，甚至一个细胞中扩增出足量的 DNA 供分析研究和检测鉴定。通过 PCR 扩增技术，其产物应用于下游多个领域，比如克隆表达、芯片杂交、突变检测以及基因测序等。

PCR 反应包括三个基本步骤：

（1）变性（denature）　目的双链 DNA 片段在 94℃下解链。

（2）退火（anneal）　两种寡核苷酸引物在适当温度（50℃左右）下与模板上的目的序列通过氢键配对。

（3）延伸（extension）　在 *Taq* DNA 聚合酶合成 DNA 的最适温度下，以目的 DNA 为模板进行合成。由这三个基本步骤组成一轮循环，理论上每一轮循环将使目的 DNA 扩增一倍，这些经合成产生的 DNA 又可作为下一轮循环的模板，所以经 25～30 轮循环就可使 DNA 扩增达 10^6 倍（图 2-15）。

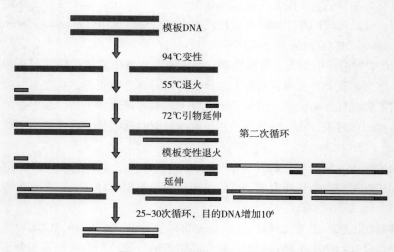

图 2-15　PCR 反应原理示意图

（二）常规 PCR 反应体系与反应参数

1. 常规 PCR 反应体系

PCR 反应体系包含以下基本成分。

（1）引物　PCR 反应产物的特异性由一对上下游引物所决定。引物的好坏往往是 PCR 成败的关键。引物设计和选择目的 DNA 序列区域时可遵循下列原则。

①引物长度为 16～30bp，太短会降低退火温度，影响引物与模板配对，从而使非特异性增高。太长则比较浪费，且难以合成。

②引物中 G（鸟嘌呤）+C（胞嘧啶）含量通常为 40%～60%，可按下式粗略估计引物的解链温度：$T_m = 4$（G+C）$+2$［A（腺嘌呤）+T（胸腺嘧啶）］。

③四种碱基应随机分布，在 3′端不存在连续 3 个 G 或 C，因这样易导致错误引发。

④引物 3′端最好与目的序列阅读框架中密码子第一或第二位核苷酸对应，以减少由于密码子摆动产生的不配对。

⑤在引物内，尤其在 3′端应不存在二级结构。

⑥两引物之间尤其在 3′端不能互补，以防出现引物二聚体，减少产量。两引物间最好不存在 4 个连续碱基的同源性或互补性。

⑦引物 5′端对扩增特异性影响不大，可在引物设计时加上限制酶位点、核糖体结合位

点、起始密码子、缺失或插入突变位点以及标记生物素、荧光素、地高辛等。通常应在 5′ 端限制酶位点外再加 1~2 个保护碱基。

⑧引物不与模板结合位点以外的序列互补。所扩增产物本身无稳定的二级结构，以免产生非特异性扩增，影响产量。

⑨简并：引物应选用简并程度低的密码子，例如，选用只有一种密码子的甲硫氨酸（Met），3′ 端应不存在简并性。否则可能由于产量低而看不见扩增产物。

一般 PCR 反应中的引物终浓度为 0.2~1.0μmol/L。引物过多会产生错误引导或产生引物二聚体，过低则降低产量。利用紫外分光光度计可精确计算引物浓度，在 1cm 光程比色皿中，260nm 下，引物浓度可按式（2-18）计算：

$$X = A_{260} / \{[A](16000) + [C](70000) + [G](12000) + [T](9600)\} \tag{2-18}$$

式中　　　　　　　　　　X——引物摩尔浓度，mol/L；

　　[A]、[C]、[G]、[T]——引物中 4 种不同碱基数量。

注：括号中数字代表不同碱基的摩尔消光系数。

（2）4 种三磷酸脱氧核苷酸（dNTP）　dNTP 应用 NaOH 将 pH 调至 7.0，并用分光光度计测定其准确浓度。dNTP 原液可配成 5~10mmol/L，并分装，-20℃ 贮存。一般反应中每种dNTP 的终浓度为 20~200μmol/L。理论上 4 种 dNTP 各 20μmol/L，足以在 100μL 反应中合成2.6μg 的 DNA。当 dNTP 终浓度大于 50mmol/L 时可抑制 Taq DNA 聚合酶的活性。4 种 dNTP的浓度应该相等，以减少合成中由于某种 dNTP 的不足出现的错误掺入。

（3）Mg^{2+}　Mg^{2+} 浓度对 Taq DNA 聚合酶影响很大，它可影响酶的活性和真实性，影响引物退火和解链温度，影响产物的特异性以及引物二聚体的形成等。通常 Mg^{2+} 浓度范围为0.5~2mmol/L。对于一种新的 PCR 反应，可以用 0.1~5mmol/L 的递增浓度的 Mg^{2+} 进行预备实验，选出最适的 Mg^{2+} 浓度。在 PCR 反应混合物中，应尽量减少有高浓度的带负电荷的基团，例如，磷酸基团或 EDTA 等可能影响 Mg^{2+} 浓度的物质，以保证最适 Mg^{2+} 浓度。

（4）模板　PCR 反应必须以 DNA 为模板进行扩增，模板 DNA 可以是单链分子，也可以是双链分子，可以是线状分子，也可以是环状分子（线状分子比环状分子的扩增效果稍好）。就模板 DNA 而言，影响 PCR 的主要因素是模板的数量和纯度。一般反应中的模板数量为10^2~10^5 个拷贝，对于单拷贝基因，需要 0.1μg 的人基因组 DNA，10ng 的酵母 DNA，1ng 的大肠杆菌 DNA。扩增多拷贝序列时，用量更少。灵敏的 PCR 可从一个细胞、一根头发、一个孢子或一个精子提取的 DNA 中分析目的序列。模板量过多则可能增加非特异性产物。DNA 中的杂质也会影响 PCR 的效率。

（5）Taq DNA 聚合酶　一般 Taq DNA 聚合酶活性半衰期为 92.5℃、130min，95℃、40min，97℃、5min。现在人们又发现许多新的耐热 DNA 聚合酶，这些酶的活性在高温下可维持更长时间。Taq DNA 聚合酶的酶活力单位定义为 74℃ 下，30min，掺入 10nmol/L dNTP到核酸中所需的酶量。

Taq DNA 聚合酶的弱点是它的出错率，一般 PCR 中出错率为 $2×10^{-4}$ 核苷酸/每轮循环，在利用 PCR 克隆和进行序列分析时尤应注意。在 100μL PCR 反应中，1.5~2U 的 Taq DNA 聚合酶就足以进行 30 轮循环。所用的酶量可根据 DNA、引物及其他因素的变化进行适当的增减。酶量过多会使产物非特异性增加，过少则使产量降低。反应结束后，如果需要利用这些产物进行下一步实验，需要预先灭活 *Taq* DNA 聚合酶，灭活 *Taq* DNA 聚合酶的方法如下。

①PCR 产物经酚、氯仿抽提，乙醇沉淀。

②加入 10mmol/L 的 EDTA 螯合 Mg^{2+}。

③99~100℃加热 10min。目前已有直接纯化 PCR 产物的试剂盒可用。

（6）反应缓冲液 反应缓冲液一般含 10~50mmol/L Tris-HCl（20℃下 pH 8.3~8.8），50mmol/L KCl 和适当浓度的 Mg^{2+}。Tris-HCl 在 20℃时 pH 为 8.3~8.8，但在实际 PCR 反应中，pH 为 6.8~7.8。50mmol/L 的 KCl 有利于引物的退火。另外，反应液可加入 5mmol/L 的二硫苏糖醇（DDT）或 100μg/mL 的牛血清白蛋白（BSA），它们可稳定酶活力，另外加入 T4 噬菌体的基因 32 蛋白则对扩增较长的 DNA 片段有利。各种 *Taq* DNA 聚合酶商品都有自己特定的一些缓冲液。

2. PCR 反应参数

（1）变性 在第一轮循环前，在 94℃下变性 5~10min 非常重要，它可使模板 DNA 完全解链，然后加入 *Taq* DNA 聚合酶，这样可降低聚合酶在低温下的活性，从而延伸非特异性配对的引物与模板复合物所造成的错误。变性不完全，往往使 PCR 失败，因为未变性完全的 DNA 双链会很快复性，减少 DNA 产量。一般变性温度与时间为 94℃、1min。在变性温度下，双链 DNA 解链只需几秒即可完全，所耗时间主要是为使反应体系完全达到适当的温度。对于富含 G+C 的，可适当提高变性温度，但变性温度过高或时间过长都会导致酶活力的损失。

（2）退火 引物退火的温度和所需时间的长短取决于引物的碱基组成，引物的长度，引物与模板的配对程度以及引物的浓度，实际使用的退火温度比扩增引物的 T_m 值约低 5℃。一般当引物中 G+C 含量高，长度长并与模板完全配对时，应提高退火温度。退火温度越高，所得产物的特异性越高。有些反应甚至可将退火与延伸两步合并，只用两种温度（例如用 60℃ 和 94℃）完成整个扩增循环，既省时间又提高了特异性。退火一般仅需数秒即可完成，反应中所需时间主要是为使整个反应体系达到合适的温度。通常退火温度和时间为 37~55℃，1~2min。

（3）延伸 延伸反应通常为 72℃，接近于 *Taq* DNA 聚合酶的最适反应温度 75℃。实际上，引物延伸在退火时即已开始，因为 *Taq* DNA 聚合酶的作用温度范围为 20~85℃。延伸反应时间的长短取决于目的序列的长度和浓度。在一般反应体系中，*Taq* DNA 聚合酶每分钟约可合成 2kb 长的 DNA。延伸时间过长会导致产物非特异性增加，但对很低浓度的目的序列，则可适当增加延伸反应的时间。一般在扩增反应完成后，都需要一步较长时间（10~30min）的延伸反应，以获得尽可能完整的产物，这对以后进行克隆或测序反应尤为重要。

（4）循环次数 当其他参数确定之后，循环次数主要取决于 DNA 浓度。一般来讲，25~30 轮循环已经足够。循环次数过多，会使 PCR 产物中非特异性产物大量增加。通常经 25~30 轮循环扩增后，反应中 *Taq* DNA 聚合酶已经不足，如果此时产物量仍不够，需要进一步扩增，可将扩增的 DNA 样品稀释 $10^3~10^5$ 倍作为模板，重新加入各种反应底物进行扩增，这样经 60 轮循环后，扩增水平可达 $10^9~10^{10}$。

扩增产物的量还与扩增效率有关，扩增产物的量可用式（2-19）表示：

$$C = C_0 (1+P)^n \tag{2-19}$$

式中 C——扩增产物量；

C_0——起始 DNA 量；

P——扩增效率；

n——循环次数。

在扩增后期，由于产物积累，使原来呈指数扩增的反应变成平坦的曲线，产物不再随循环数而明显上升，这称为平台效应。平台期会使原先由于错配而产生的低浓度非特异性产物继续大量扩增，达到较高水平。因此，应适当调节循环次数，在平台期前结束反应，减少非特异性产物。

（三）反转录 PCR

1. 反转录 PCR 原理

反转录聚合酶链式反应（reverse transcription-polymerase chain reaction，RT-PCR）是一种从细胞 RNA（mRNA）中高效灵敏地扩增互补 DNA（cDNA）序列的方法，它由两大步骤组成：一步是反转录（RT），另一步是 PCR。获得总 RNA 或 mRNA 后，即可进行 RT-PCR。首先，在反转录酶作用下将 RNA（mRNA）反转录成 cDNA，以该 cDNA 第一链为模板进行 PCR 扩增，根据靶基因设计用于 PCR 扩增的基因特异的上下游引物，基因特异的上游引物与 cDNA 第一链退火，在 Taq DNA 聚合酶作用下合成 cDNA 第二链。再以 cDNA 第一链和第二链为模板，用基因特异的上下游引物 PCR 扩增获得大量的 cDNA。RT-PCR 的关键步骤是在 RNA 的反转录，要求 RNA 模版为完整的且不含 DNA、蛋白质等杂质。

RT-PCR 是一种很灵敏的技术，可以检测很低拷贝数的 RNA，其灵敏度比传统的 RNA 印迹法高 1000~10000 倍，而所需时间缩短了几倍，广泛应用于遗传病的诊断、RNA 的构造解析、cDNA 的克隆及 RNA 水平上的表达解析。

2. 一步法 RT-PCR 与两步法 RT-PCR

常用的反转录 PCR 方法有两步法（two-step RT-PCR）和一步法（one-step RT-PCR）两种，反应原理见图 2-16。一步法 RT-PCR 能克隆微量 mRNA 而不需构建 cDNA 文库（即 cDNA 合成与 PCR 反应在同一缓冲液及酶中进行，一步法完成），省略了 cDNA 与 PCR 之间的过程。两步法 RT-PCR 首先用反转录酶合成 cDNA，然后以 cDNA 为模板进行 PCR，即 RNA 反转录与 PCR 扩增分两步进行。

一步法 RT-PCR 与两步法 RT-PCR 相比快速、简便，减少了污染机会，减少了 RNA 二级结构，减少了 PCR 反应的错配率。两步法 RT-PCR 的优势在于存在中间产物 cDNA，便于保存；且第二步 PCR 只取逆转录反应产物的 1/10 进行反应，有利于 PCR 条件的调整，实验重现性强；两步法可以在第二步 PCR 反应体系中加入特异性引物，其灵敏度比一步法高；两步法的实验预算要低于一步法。但是由于两步法包括第一链 cDNA 合成和随后的 PCR 反应，容易产生污染问题。一步法 RT-PCR 与两步法 RT-PCR 的比较见表 2-6。

表 2-6　　　　　　　　　　一步法 RT-PCR 与两步法 RT-PCR 的比较

	一步法 RT-PCR	两步法 RT-PCR
反应	反应在同一体系进行	独立的反转录和 PCR 反应
最佳应用	分析一种或两种基因，高通量检测	分析多种基因
时间/步骤	时间较短，无需开盖移液	时间较长，需开盖移液

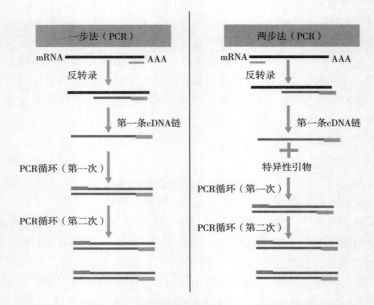

图 2-16　一步法 RT-PCR 与两步法 RT-PCR 原理示意图

（四）荧光定量 PCR

荧光定量 PCR（quantitative real-time PCR，qPCR）是指在 PCR 扩增反应体系中加入荧光基团，通过对扩增反应中每一个循环产物荧光信号的实时检测，最后通过标准曲线对未知模板进行定量分析的方法。常规 PCR 中，扩增产物是通过终点法来分析检测，即 PCR 反应结束后，DNA 通过琼脂糖凝胶电泳，然后进行成像分析。而荧光定量 PCR 可以在反应进行过程中进行累积扩增产物的分析和检测，即"实时"（real-time）。

在反应体系中加入荧光分子，通过荧光信号的按比例增加来反映 DNA 量的增加，使 PCR 产物的实时检测成为可能。满足实验目的的荧光化学物质包括 DNA 结合染料和荧光标记的序列特异引物或探针；专门的热循环仪配备荧光检测模块，用于监测扩增时的荧光，检测到的荧光信号反映了每个循环扩增产物的量。相对常规 PCR 而言，荧光定量 PCR 的主要优点是准确地确定初始模板拷贝数、宽的动态范围和高的灵敏度。荧光定量 PCR 结果可以用于定性（判断一段序列的有无），也可以用于定量（确定 DNA 拷贝数），即 qPCR，而常规 PCR 只能做半定量。另外，荧光定量 PCR 的结果无须通过琼脂糖凝胶电泳来评估，大大节省实验时间，提高实验效率。还有，由于 PCR 反应和检测都在反应管中进行，样品污染的概率大大降低，无须扩增后的实验操作。

qPCR 所使用的荧光物质可分为两种：荧光染料和荧光探针（图 2-17）。

1. SYBR Green I 荧光染料法

在 PCR 反应体系中，加入过量 SYBR 荧光染料，SYBR 荧光染料特异性地掺入 DNA 双链后，发射荧光信号，而不掺入链中的 SYBR 染料分子不会发射任何荧光信号，从而保证荧光信号的增加与 PCR 产物的增加完全同步。

2. TaqMan 探针法

PCR 扩增时在加入一对引物的同时加入一个特异性的荧光探针，该探针为一寡核苷酸，两端分别标记一个报告荧光基团和一个淬灭荧光基团。探针完整时，报告荧光基团发射的荧光信号被淬灭荧光基团吸收；PCR 扩增时，Taq 酶的 5′-3′外切酶活性将探针酶切降解，使报告荧光基团和淬灭荧光基团分离，从而荧光监测系统可接收到荧光信号，即每扩增一条 DNA链，就有一个荧光分子形成，实现了荧光信号的累积与 PCR 产物的形成完全同步。

此外，近年来还发展出了如分子信标、荧光共振能量传递（FRET）等方法。

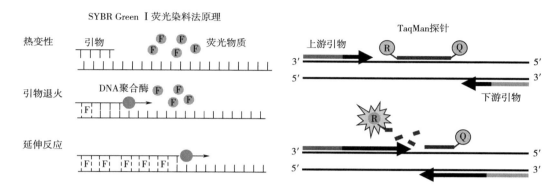

图 2-17　SYBR Green Ⅰ荧光染料法和 TaqMan 探针法

在 PCR 扩增反应的最初数个循环里，荧光信号变化不大，接近一条直线，这样的直线即是基线，这条线可以自动生成也可以手动设置。之后反应会进入指数增长期（图 2-18），这期间扩增曲线具有高度重复性，在该期间，可设定一条荧光阈值线，它可以设定在荧光信号指数扩增阶段任意位置上，但一般会将荧光阈值的缺省设置为 3~15 个循环的荧光信号的标准偏差的 10 倍。每个反应管内的荧光信号到达设定的阈值时所经历的循环数被称为 Ct 值（图 2-19），这个值与起始浓度的对数呈线性关系，且该值具有重现性。

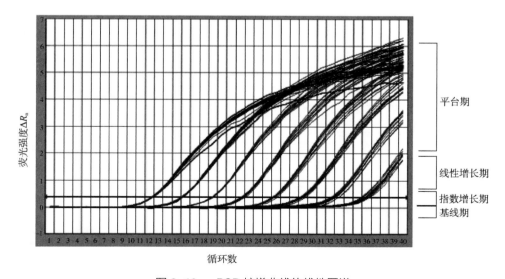

图 2-18　qPCR 扩增曲线的线性图谱

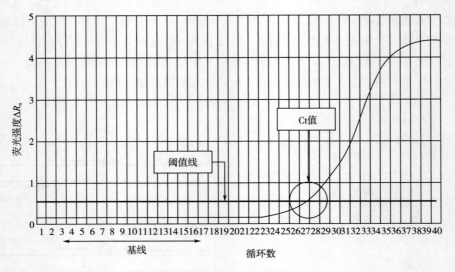

图 2-19 qPCR 扩增曲线

Ct 值最大的意义就是用来计算目的基因的表达量。目的基因的定量分析可以分为绝对定量和相对定量两种（图 2-20）。绝对定量的目的是测定目的基因在样本中的分子数目，即通常所说的拷贝数。相对定量用于测定一个测试样本中目标核酸序列与校正样本中同一序列表达的相对变化。校正样本可以是一个未经处理的对照或者是在一个时程研究中处于零时的样本。

绝对定量实验必须使用已知拷贝数的绝对标准品，必须做标准曲线。相对定量可以做标准曲线，也可以不做标准曲线。绝对标准品制作困难，难以获取，实验室基本都是选择相对定量的方法来计算相对基因表达量。我们不能简单地说绝对定量准确还是相对定量准确，而只能说它们的应用领域不同。绝对定量应用于病毒、病原菌定量检测、转基因拷贝数分析、转基因变形生物体（GMO）定量分析等领域。相对定量主要应用于 mRNA 表达量解析，而这时采用绝对定量方法，则不能得到准确的解析结果。

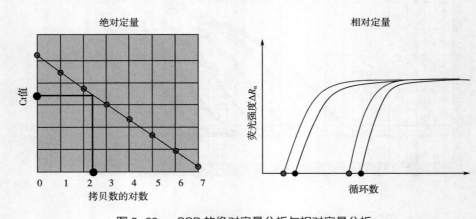

图 2-20 qPCR 的绝对定量分析与相对定量分析

荧光定量 PCR 有如下显著的优点：

（1）特异性好　使用特异性探针对定量分子进行识别，具有很高的准确性。同时，靶序列由引物和探针双重控制，特异性好、假阳性低。

（2）灵敏度高　荧光 PCR 检测技术是综合了 PCR 技术、荧光标记技术、激光技术、数码显象技术为一体的技术，因此它的检测灵敏度很高。

（3）线性关系好，线性范围宽　由于荧光信号的产生和每次扩增产物呈一一对应的关系，通过荧光信号的检测可以直接对产物进行定量；定量范围可在 $0 \sim 10^{10}$ 拷贝/mL。

（4）操作简单、安全、自动化程度高、防污染　扩增和检测可以在同一管内进行，不需要开盖，不易污染；同时扩增和检测一步完成，不需要后期处理，不再需要担心放射性污染。

目前，qPCR 技术广泛应用于生物、医药、食品等行业，运用于疾病的早期诊断、药物研究、肿瘤的诊断与研究、食品病原微生物的检测、转基因食品检测、动物疫病检测等。

第三部分

生物化学实验

一、基础实验

实验一　苯酚–硫酸法测定水溶性多糖

一、实验目的

学习苯酚–硫酸法测定水溶性多糖的原理，了解该法的优缺点。

二、实验原理

糖在浓硫酸作用下，脱水生成的糠醛或羟甲基糠醛能与苯酚缩合成一种橙红色化合物，在一定浓度范围内其颜色深浅与糖的含量成正比，己糖在 490nm 处（戊糖及糖醛酸在 480nm）有最大吸收峰。苯酚–硫酸法可用于甲基化的糖、戊糖和多糖的测定，方法简单，灵敏度高，实验时基本不受蛋白质存在的影响，产生颜色的稳定时间在 160min 以上。

三、材料、试剂与器具

1. 材料

戊糖、己糖或其寡糖、多糖等。

2. 试剂

本方法所用的试剂除特殊注明外，均为分析纯。

浓硫酸：95.5%。

60g/L 苯酚：6g 重蒸苯酚（150g 苯酚加铝粉 0.2g 和碳酸氢钠 1.0g，蒸馏，收集 182℃馏分）用煮沸过的蒸馏水定容至 100mL，置冰箱（4℃）中避光保存备用。

标准葡萄糖（或标准葡聚糖，Dextran）溶液：准确称取 0.1g 经过 105℃ 干燥至恒重的葡萄糖（或葡聚糖），加水溶解后定容至 100mL，4℃保存备用。从中吸取 10mL，用蒸馏水定容至 250mL，得到浓度为 0.04mg/mL 的葡萄糖标准溶液。

3. 器具

分光光度计、旋涡混匀器、水浴锅、移液管等（图 3-1）。

（1）分光光度计　　　　　　（2）移液管　　　　　　（3）旋涡混匀器

图3-1　苯酚-硫酸法测定水溶性多糖的器具

四、实验步骤

（一）制作标准曲线

精密移取葡萄糖（葡聚糖）标准溶液0.4mL，0.6mL，0.8mL，1.0mL，1.2mL，1.4mL，1.6mL，1.8mL，各以水补至2.0mL，然后加入1.0mL 60g/L苯酚和5mL浓硫酸，迅速振匀。室温放置5min后在沸水浴中保温20min，自来水冷却10min，再用旋涡混匀器振匀，于490nm测吸光度，以2.0mL水按同样显色操作作为空白。以吸光度值为横坐标，葡萄糖（葡聚糖）标准溶液用量（mL）为纵坐标绘制标准曲线。

（二）样品预处理

精确称取样品0.1g，用水定容至100mL。从中吸取10mL再用水稀释至250mL，即得到待测样品液。

（三）样品测定

吸取待测样品液1.0mL（若样品中多糖含量过低使吸光度小于0.2，酌情增加样品液的吸取量，但不得超过2.0mL），加水补足至2.0mL，然后加入1.0mL 60g/L苯酚和5mL浓硫酸，迅速振匀。室温放置5min后在沸水浴中保温20min，自来水冷却10min，再用旋涡混匀器振匀，于490nm测吸光度。吸取等量的待测样品液，以1.0mL蒸馏水代替60g/L苯酚，按同样的操作方法得到空白液。

根据待测样品液的吸光度值，就可以从标准曲线中查得当量葡萄糖（葡聚糖）标准溶液体积（mL）。

（四）含量计算

$$多糖百分含量 = \frac{C_1 \times V_1}{V_2 \times C_2} \times K \times 100\% \qquad (3-1)$$

式中　C_1——葡萄糖（葡聚糖）标准溶液的浓度，mg/mL；

　　　C_2——待测样品液的浓度，mg/mL；

　　　V_1——当量葡萄糖（葡聚糖）标准溶液体积，mL；

　　　V_2——待测样品液吸取量，mL；

　　　K——校正系数，用葡萄糖作为标准糖时为0.9，用等分子质量标准多糖时为1。

五、注意事项

（1）制作标准曲线宜用相应的标准多糖（单糖组成、分子质量），如用葡萄糖制作标准曲线，应以校正系数 0.9 校正糖的质量。

（2）有颜色的样品，测量值易偏高，不理想。

（3）对于水不溶性多糖或微溶性多糖，可加热或在标准液及样品液的配制过程中加入一定量的浓硫酸来促进多糖的溶解。

（4）在测定大分子质量多糖时，应适当延长浓硫酸的作用时间，使多糖充分水解。

🔍 思考题

1. 苯酚-硫酸法是测定还原糖还是总糖的含量？
2. 为什么要用重蒸苯酚配制试剂？

实验二　氨基酸纸上层析

一、实验目的

了解纸层析原理，掌握操作技术。

二、实验原理

层析法又称色层分离法，1903 年，俄国化学家茨维特（HBeT）发现用挥发油冲洗菊粉柱时，可将叶子的色素分成许多颜色的层圈。此后，把这种利用有色物质在吸附剂上吸附能力的不同而得到分离的方法称为色层分离法（chromatography），经过分离得到的色柱称为色层谱。虽然后来将色层分离法用于无色物质分离，但是这个名字一直沿用下来。

层析法除了吸附层析以外，还有离子交换层析和分配层析。一般认为纸层析是分配层析中的一种，但也存在着吸附和离子交换作用。

纸层析是以纸作为惰性支持物的分配层析，纸纤维上的羟基具有亲水性，因此能吸附一层水作为固定相，而通常用有机溶液作为流动相。有机溶剂自上而下流动，称为下行层析；有机溶剂自下而上流动，称为上行层析。流动相流经支持物时与固定相之间连续抽提，使物质在两相之间不断分配而得到分离。将样品点在滤纸上（此点称为原点），进行展层，由于样品不同组分在固定相及流动相中的分配系数不同，不同的组分随流动相移动的速率不同，于是形成距原点不等的层析点。

$$分配系数 = \frac{溶质在固定相的浓度}{溶质在流动相的浓度}$$

溶质在滤纸上的移动速度用 R_f 表示。

$$R_f = \frac{原点到层析点中心的距离}{原点到溶剂前沿的距离}$$

只要条件（如温度、展层溶剂的组成、滤纸的质量等）不变，R_f 是常数，故可根据 R_f 值作定性分析。

无色物质的层析图谱可用光谱法（紫外光照射）或显色法鉴定，氨基酸层析图谱常用茚三酮或吲哚醌作显色剂。

三、实验步骤

本实验采用上行法，测定几种标准氨基酸在本实验条件下的 R_f 值，并根据 R_f 值，测定未知溶液中所含的氨基酸种类。

1. 滤纸

选用杭州新华1号滤纸，戴上手套，将滤纸裁剪成 20cm×6.5cm，在距纸边 2cm 处，用铅笔轻轻画一条线，于线上每隔 1.5cm 处画一小圆圈作为点样处，圆圈直径不超过 0.5cm。

2. 点样

氨基酸的点样量以每种氨基酸 5~20μg 为宜，用点样管吸取氨基酸样品 10μL（1μg/μL），与滤纸垂直方向轻轻碰触点样处的中心，这时样品就自动流出，点子的扩散直径控制在 0.5cm 之内，点样过程中必须在第一滴样品干后再点第二滴。为使样品加速干燥，可用一加热装置（如吹风机或灯泡），但要注意温度不可过高，以免氨基酸破坏，影响定量结果。

3. 展层

将滤纸悬挂于标本缸中（缸内预先放有展层溶剂），盖好盖，平衡 30min。平衡后，将滤纸立于展层溶剂中，进行展层。

当溶剂前沿距纸的上沿 1~2cm 时，取出滤纸，立即用铅笔标出溶剂前沿位置，挂在绳上晾干，直至除净溶剂。

展层条件：

正丁醇   45mL

80%甲酸   9mL

水   6mL

注意：使用的溶剂系统需新鲜配制，并要摇匀。

4. 显色

用喷雾器将 5g/L 茚三酮-丙酮溶液喷在滤纸上。用吹风机吹去丙酮，然后将滤纸置 65℃ 烘箱内烘 5~15min，紫色斑点为氨基酸层析点。

四、R_f 值的计算

用尺测量显色斑点的中心与原点（点样中心）之间距离和原点到溶剂前沿的距离。求出比值，即为该氨基酸的 R_f 值。计算标准氨基酸的 R_f 值，并通过 R_f 值的比较，求出未知层析样品中所含的氨基酸种类。

🔍 思考题

操作时为什么要戴手套？

实验三 糖的硅胶 G 薄层层析

糖的硅胶 G 薄层层析

一、实验目的

了解并掌握吸附层析的原理，学习薄层层析的一般操作及定性鉴定方法。

二、实验原理

薄层层析是一种微量而快速的层析方法，把吸附剂或支持剂均匀地涂布于玻璃板（或涤纶片基）上呈一个薄层，把要分析的样品加到薄层上，然后用合适的溶剂进行展开而达到分离、鉴定和定量的目的。因为层析是在吸附剂或支持剂的薄层上进行的，所以称它为薄层层析。

为了使所要分析的样品组分得到分离，必须选择合适的吸附剂。由于硅胶、氧化铝和聚酰胺的吸附性能良好，是应用最广泛的吸附剂，硅藻土和纤维素则是分配层析中最常用的支持剂。在吸附剂或支持剂中添加了合适的黏合剂后再涂布，可使薄层粘牢在玻璃板上，硅胶 G 就是已经加入石膏的层析用吸附剂。

硅胶 G 可以把一些物质自溶液中吸附到它的表面，利用它对各种物质吸附能力的不同，再用适当的溶液系统层析就可以达到分离不同物质的目的。薄层层析为低分子质量糖的分析提供了一个简便、迅速和灵敏的方法。糖在硅胶 G 薄层上的移动速度与糖的分子质量和羟基数有关。经适当溶剂系统展开后样品移动距离如下：戊糖＞己糖＞双糖＞三糖。采用弱酸盐溶液（如乙酸钠溶液）代替水来调制硅胶 G 制成的薄层能提高糖的分离效果。

为了控制薄层的厚度以及得到恒定的 R_f 值，必须控制吸附剂颗粒的大小。吸附剂颗粒大小不适，会影响层析的速度和分离的效果，一般无机吸附剂直径在 $0.07 \sim 0.1 \mathrm{mm}$，薄层厚度在 $0.25 \sim 1 \mathrm{mm}$ 较为适宜；有机吸附剂的颗粒可以略大，直径在 $0.1 \sim 0.2 \mathrm{mm}$，薄层厚度在 $1 \sim 2 \mathrm{mm}$ 较为适宜。

薄层层析的原理和纸层析、柱层析相似，同时又兼备这两种层析的优点：

①观察结果、显色方便，如薄层由无机物制成，可用腐蚀性显色剂；

②层析时间短；

③微量，0.1 至数十微克样品均可分离，比纸层析灵敏度大 $10 \sim 100$ 倍。

若薄层铺得厚些也可进行几百毫克样品的制备；由于这些原因加之操作方便、设备简单，薄层层析应用很广泛。

三、材料、仪器和试剂

1. 材料

10g/L 标准糖溶液：木糖、果糖、蔗糖分别以 75% 乙醇配成 10g/L 的溶液。

10g/L 标准糖混合溶液：上述各种糖混合后以 75% 乙醇配成各种糖浓度为 10g/L 的溶液。

硅胶 G（层析用，E·MerCK）。

2. 仪器

烧杯 50mL（×1），玻璃板 20cm×5cm（×1），层析缸 25cm×30cm，毛细管（直径 0.5mm），玻璃棒，喷雾器，烘箱，尺，铅笔。

3. 试剂

0.02mol/L 乙酸钠（NaAc，分析纯）：pH 8~9。

层析溶剂系统：氯仿：甲醇=60：40（体积比）。

苯胺-二苯胺-磷酸显色剂：1g 二苯胺、1mL 苯胺和 5mL 85%磷酸溶于 50mL 丙酮中。

四、实验步骤

1. 硅胶 G 薄层的制备

制薄层用的玻璃板预先用洗液洗净并烘干，玻璃板表面要求光滑。称取 2.5g 硅胶 G 加入 7mL 5g/L 羧甲基纤维素钠（CMC-Na）配制的 0.02mol/L 乙酸钠溶液。于烧杯中搅拌均匀后倒在玻璃板上，倾斜玻璃板，使硅胶 G 成为均匀的薄层。玻璃板于 110℃烘箱内烘 30min，取出供使用。制成的薄层要求表面平整，厚薄均匀。

2. 点样

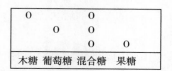

图 3-2　硅胶 G 薄层层析图谱（示意）

距薄板一端 2cm 处每距 1cm 作一记号（用铅笔轻轻点一下，切不可将薄层刺破），共 4 点。用 0.5mm 直径的毛细管吸取样品，各样品按图 3-2 点 1 次，样品量在 5~50μg 内均可适用。控制点子直径不超过 2mm。

3. 展开

将薄板点样一端放入已盛有 50mL 层析溶剂的层析缸中，层析溶剂液面不超过点样线。盖上盖进行展层，展层至溶剂前沿距顶端 0.5~1cm 处时取出薄板，在溶剂前沿处作记号，空气中晾干，除尽溶剂。

4. 显色

将苯胺-二苯胺-磷酸显色剂均匀地喷在薄层上，于 85℃烘箱内加热至层析斑点显现，此显色剂可使各种糖显出不同的颜色。根据各标准糖层析后所得斑点的位置确定混合样品中所分离出的各个斑点分别为何种糖。苯胺-二苯胺-磷酸显色剂显色后糖的颜色见表 3-1。

表 3-1　　　　　　　　　　苯胺-二苯胺-磷酸显色剂显色后糖的颜色

糖	木　糖	葡萄糖	果糖
呈色	黄　绿	灰蓝绿	棕红

计算各斑点的 R_f 值。

五、注意事项

1. 危险化学品危险性类别及使用注意事项

（1）氯仿　吸入毒性、皮肤腐蚀/刺激、严重眼损伤/眼刺激、致癌性、生殖毒性、特异性靶器官毒性-反复接触。使用过程需要戴防护手套，在通风橱中操作。易制毒试剂，使用时填写使用记录。

（2）苯胺　经口、经皮、吸入毒性、严重眼损伤/眼刺激、皮肤致敏物、生殖细胞致突变性、特异性靶器官毒性-反复接触、危害水生环境。使用过程需要戴防护手套，在通风橱中操作。

（3）二苯胺　经口、经皮、吸入毒性、特异性靶器官毒性-反复接触、危害水生环境。使用过程需要戴防护手套，在通风橱中操作。

（4）磷酸　皮肤腐蚀/刺激、严重眼损伤/眼刺激。使用过程需要戴防护手套，在通风橱中操作。

（5）甲醇　易燃液体，经口、经皮、吸入毒性、特异性靶器官毒性——一次接触。使用时远离明火，取用后立即盖紧瓶塞，防止倾洒。

各类化学品接触到皮肤，马上用水冲洗，用肥皂或洗手液洗涤并冲洗干净。

2. 实验过程操作注意事项

（1）展开过程、喷洒显色剂在通风橱中操作。

（2）使用烘箱注意避免被烫伤。

3. 实验废弃物处理

（1）展开剂（氯仿/甲醇）由指导教师收集到非水溶性有机废液桶中，并标注废液成分。

（2）显色剂由实验准备老师收集到非水溶性有机废液桶中，并标注废液成分。

（3）玻璃碎片置于玻璃废弃物收集桶中。

🔍 思考题

1. 简述硅胶 G 薄层层析与纸层析的不同点。
2. 操作时的注意事项有哪些？

实验四　磷脂的分离与鉴定——薄层层析法

一、实验目的

1. 掌握硅胶 G 薄层层析的基本原理、特点及定性定量方法。
2. 练习薄层层析的一般操作技术，制板、点样、展层、显色。

二、实验原理

薄层层析法操作简便、快速、灵敏、分离效果好、显色容易，被广泛应用于磷脂、脂肪酸、脂类、氨基酸、生物碱等多种物质的分离和鉴定，薄层层析是一种微量而快速的层析方法。一般薄层法是把吸附剂如硅胶、氧化铝或硅藻土涂布于薄板上（玻璃或金属等）呈一薄层。把要分析的样品溶液滴加到薄层的一端，用适当的溶剂进行展开而达到分离、鉴定和定量分析。

薄层层析是将固相支持物（又称吸附剂）均匀铺在玻璃板上使之成为薄层，将待分析的样品点到薄板的一端，然后将点样端浸入适宜的扩剂中，在密闭的层析缸中展层。由于各种磷脂的理化性质（分子极性、分子大小和形状、分子亲和力等）不同，使其在吸附剂表面的吸附能力及在展开剂中的溶解度各异。当展开剂在薄层板的毛细管中移动时，点在薄板上样品的组分就不同程度地随着展开剂的移动而移动，使不同的组分得以分离。样品的分离度及定性可根据比移值（R_f）进行，比移值即样品中心移动的距离与展开剂前沿移动距离之比。

本实验用硅胶作为固相支持物，并用羧甲基纤维素钠（CMC-Na）作为黏合剂，采用二次展开法测定磷脂酰丝氨酸、磷脂酰胆碱、溶血卵磷脂的 R_f 值。

三、试剂与器具

1. 试剂

（1）硅胶 G。

（2）黏合剂　5g/L 的柠檬酸与 10g/L 的羧甲基纤维素钠混合，煮沸至无气泡，冷却静置分层后备用。

（3）大豆磷脂溶液　称取大豆磷脂及标准品适量，加入一定体积的氯仿/甲醇（1：1，体积比），使其浓度在 0.2~10g/L。

（4）展开剂 A　氯仿/甲醇/冰乙酸/丙酮/水，体积比为 35：25：4：14：2。

展开剂 B　正己烷/乙醚，体积比为 4：1。

（5）显色剂

①碘蒸汽；

②1g/L 水合茚三酮-正丁醇溶液；

③Dragendorf 试剂：

试剂 I。1.7g 碱性硝酸铋 ［Bi（$NO_3 \cdot 10H_2O$）］ 溶于 100mL 20% 的乙酸溶液中；

试剂 II。40g 碘化钾溶于 100mL 水中；

试剂 III。20mL 试剂 I +5mL 试剂 II 和 7.0mL 蒸馏水混合，过滤除去沉淀。

2. 器具

（1）层析板　6cm×15cm（×2）。

（2）烧杯　250mL（×1）。

（3）量筒　100mL（×1）。

（4）小尺子（×1）。

（5）喷雾器（×1）。

（6）吹风机（×1）。

（7）毛细玻璃管（×4）。

（8）层析缸（×1）。

四、实验步骤

1. 薄层板的制备

（1）板清洗　玻璃板要清洁平整，无油污，必要时可用甲醇、乙醇清洗，自然干燥。

（2）调浆　称取硅胶14g，加黏合剂25mL，置于研钵中充分研磨成均匀的膏状。

（3）涂布　取洁净的干燥玻璃板（20cm×20cm）2块置于涂布器上均匀涂层，手工铺板，可小心将玻璃板轻轻振荡和倾斜，使硅胶均匀铺在玻璃板上，无气泡，边缘整齐。

（4）干燥　水平静置0.5h，室温下自然晾干，除去背面及边缘的硅胶。

（5）活化　晾干的薄层板倾斜置于烘箱内，至105℃活化30min，切断电源，待玻璃板面温度下降至不烫手时取出，如暂时不用可贮于干燥器中备用。

2. 点样

活化后的硅胶板室温冷却后，在距底边2cm水平线上，以间距1cm的宽度均匀确定5个点（用铅笔标上"×"）。取各磷脂样品用微量注射器均匀地点在硅胶板上，每次加样后原点扩散直径不超过3mm，吹风机吹干后，重复点样，点样量5μL。

3. 展层

在层析缸中加入扩展剂1cm高，加盖平衡0.5h。将薄层板点样端浸入饱和展开剂A中（展开剂液面应低于点样线），待展开剂上升到点样水平线后立即盖好层析缸盖，开始上行展层。展至溶剂前沿12cm左右停止展层，取出薄板，自然干燥除去溶剂，再于饱和的展开剂B中展至硅胶板顶部。用吹风机吹干溶剂，应避免直吹。全部展开过程应在低温（4℃）避光下进行。

4. 显色

（1）碘蒸汽显色——适合任意有机化合物　于密闭玻璃缸中预先加入少量碘颗粒，待容器中均匀充满紫色气体后，将溶剂挥发净的薄板置于玻璃缸中，封好磨砂盖，开始显色，观察。当显现均匀的黄色斑点时，取出薄板，立即用铅笔描下样品轮廓。

（2）茚三酮鉴定磷脂酰丝氨酸、磷脂酰乙醇胺　用喷雾器向薄板喷茚三酮溶液（注意喷雾器和薄板要保持一定距离，不要使硅胶层吹散，且应喷洒均匀），再放入105℃烘箱内加热10min，即可显色（样品点呈粉红色）。

（3）含磷化合物在钼、氧化钼和强酸存在下生成有色复合物。检测磷脂类的喷涂试剂如下。

试剂1：200mL 25mol/L的硫酸中加入8g MoO_3，加热至全溶。

试剂2：100mL 试剂1中加入0.39g钼粉，混合煮沸15min。

等体积试剂1和试剂2混合后，再与2倍体积水混合，即成喷涂试剂。轻轻喷涂薄层板后，含磷酸盐的化合物立即呈现灰色背景下的蓝色斑点。

（4）Dragendorf试剂鉴定含胆碱的磷脂　用试剂Ⅲ喷淋，60℃加热2min，含胆碱的脂类在黄色背景下呈现橘色到橘红色的斑点。

5. 结果计算

小心量出原点至溶剂前沿以及各斑点中心的距离，计算出它们的R_f值。根据R_f值，鉴定出混合样品中磷脂的种类，并绘出层析图谱。

$$R_f = \frac{原点至斑点中心的距离}{原点至展开剂前沿的距离}$$

五、注意事项

（1）薄层层析用的吸附剂如氧化铝和硅胶的颗粒大小一般以通过 200 目左右筛孔为宜，如果颗粒太大，展开时溶剂推进速度太快，分离效果不好。反之，颗粒太小，展开时太慢，易得出拖尾而不集中的斑点，分离效果也不好。

（2）由于硅胶的机械性差，必须加入黏合剂如煅石膏、淀粉或羧甲基纤维素钠（CMC-Na），其中以羧甲基纤维素钠的效果为最好。市售的硅胶 G 和氧化铝 G 均已含有黏合剂（煅石膏），可直接加水调匀后铺层，但效果稍差。加黏合剂的薄层板常称为硬板，不加黏合剂的薄层板常称为软板。用黏合剂以湿法铺成的薄层板烘干后可保存在干燥器中备用。

（3）点样的次数依样品溶液的浓度而定，需经实验才能知道，样品量太少时，有的成分不易显示；样品量太多时易造成斑点过大，互相交叉或拖尾，不能得到很好地分离，点样后的斑点直径一般不超过 0.5cm。

🔍 思考题

1. 薄层层析与纸层析相比有何异同？
2. 薄层层析法包括哪些步骤？操作中应注意什么？

实验五　甲醛滴定法定量测定氨基酸

一、实验目的

了解并掌握甲醛滴定法测定氨基酸的原理和方法。

二、实验原理

水溶液中的氨基酸为两性离子，不能直接用碱滴定氨基酸的羧基。用甲醛处理氨基酸，甲醛与氨基结合，形成—NH—CH$_2$OH，—N（CH$_2$—OH）$_2$ 等羟甲基衍生物，NH$_3^+$上的 H$^+$游离出来，这样就可用碱滴定放出的 H$^+$，测出氨基氮，从而计算氨基酸的含量。

$$\begin{array}{ccc}
R-CH-COO^- & \Longleftrightarrow & R-CH-COO^- \\
| & & | \\
NH_3^+ & & NH_2 \quad\quad +H^+
\end{array}$$

$$\begin{array}{ccc}
R-CH-COO^- \ +HCHO & \Longleftrightarrow & R-CH-COO^- \\
| & & | \\
NH_2 & & NHCH_2OH
\end{array}$$

$$\begin{array}{ccc}
R-CH-COO^- \ +HCHO & \Longleftrightarrow & R-CH-COO^- \\
| & & | \\
NHCH_2OH & & N(CH_2OH)_2
\end{array}$$

如样品中只含一种氨基酸，由甲醛滴定的结果即可算出该氨基酸的含量；如样品为多种氨基酸的混合物，则测定结果不能作为氨基酸的定量依据。该方法常被用来测定蛋白质的水解程度。

三、试剂与器具

1. 试剂

（1）5g/L酚酞乙醇溶液　称0.5g酚酞溶于100mL 60%乙醇。

（2）0.5g/L溴麝香草酚蓝溶液　0.05g溴麝香草酚蓝溶于100mL 20%乙醇溶液。

（3）10g/L甘氨酸溶液　1g甘氨酸溶于100mL蒸馏水。

（4）标准0.100mol/L氢氧化钠溶液　可用0.100mol/L标准盐酸溶液标定。

（5）中性甲醛溶液　甲醛溶液50mL，加5g/L酚酞指示剂3mL，滴加0.1mol/L氢氧化钠溶液，使溶液呈微粉红色，临用前中和。

2. 器具

锥形瓶100mL（×3），碱式滴定管25mL（×1），移液管2.0mL（×2）、5.0mL（×2）、10.0mL（×1）。

四、实验步骤

将3只100mL锥形瓶标以1、2、3号。1、2号瓶内各加甘氨酸（或样品）2.0mL及蒸馏水5mL；3号瓶内加蒸馏水7.0mL。向3只锥形瓶中各加中性甲醛溶液5.0mL，0.5g/L溴麝香草酚蓝溶液2滴及5g/L酚酞乙醇溶液4滴。然后用标准0.100mol/L氢氧化钠溶液滴定至紫色（pH 8.7~9.0）。

$$m = \frac{(V_1 - V_0) \times 1.4008}{2} \tag{3-2}$$

式中　m——1mL氨基酸溶液中含氨基氮的质量，mg；

V_1——测定样品消耗NaOH标准溶液的体积，mL；

V_0——滴定空白消耗NaOH标准溶液的体积，mL；

1.4008——每毫升0.100mol/L氢氧化钠溶液相当的氮质量。

五、注意事项

用0.100mol/L氢氧化钠标准溶液滴定过程中颜色变化为黄色→绿色→紫色，紫色即为滴定终点。

🔍 思考题

1. 甲醛滴定法测定氨基酸的原理是什么？
2. 为什么氨基氮不能直接用氢氧化钠滴定其含量？

实验六　蛋白质的两性反应和等电点的测定

一、实验目的

1. 了解蛋白质的两性解离性质。
2. 学习测定蛋白质等电点的一种方法。
3. 加深对蛋白质胶体溶液稳定因素的认识。

蛋白质的两性反应
和等电点的测定

二、实验原理

蛋白质是两性电解质。在蛋白质溶液中存在下列平衡：

$$
\begin{array}{ccc}
\begin{array}{c} \text{COO}^- \\ | \\ \text{P} \\ | \\ \text{NH}_2 \end{array}
&
\underset{+\text{OH}^-}{\overset{+\text{H}^+}{\rightleftharpoons}}
\quad
\begin{array}{c} \text{COO}^- \\ | \\ \text{P} \\ | \\ \text{NH}_3^+ \end{array}
&
\underset{+\text{OH}^-}{\overset{+\text{H}^+}{\rightleftharpoons}}
\quad
\begin{array}{c} \text{COOH} \\ | \\ \text{P} \\ | \\ \text{NH}_3^+ \end{array}
\end{array}
$$

　　阴离子　　　　　　　兼性离子　　　　　　　阳离子
　　pH>pI　　　　　　pH=pI　　　　　　　pH<pI

电场中：移向阳极　　　　　不移动　　　　　　移向阴极

　　蛋白质分子的解离状态和解离程度受溶液的酸碱度影响。当溶液的 pH 达到一定数值时，蛋白质颗粒上正负电荷的数目相等，在电场中，蛋白质既不向阴极移动，也不向阳极移动，此时溶液的 pH 称为此种蛋白质的等电点。不同蛋白质各有特异的等电点。在等电点时，蛋白质的理化性质都有变化，可利用此种性质的变化测定各种蛋白质的等电点。最常用的方法是测其溶解度最低时的溶液 pH。

　　本实验通过观察不同 pH 溶液中的溶解度以测定酪蛋白的等电点。用乙酸与乙酸钠（乙酸钠混合在酪蛋白溶液中）配制各种不同 pH 的缓冲液。向上述各缓冲液中加入酪蛋白后，沉淀出现最多的缓冲液的 pH 即为酪蛋白的等电点。

　　水溶液中的蛋白质分子由于表面生成水化层和双电层而成为稳定的亲水胶体颗粒，在一定的理化因素影响下，蛋白质颗粒可因失去电荷和脱水而沉淀。

　　蛋白质的沉淀反应可分为两类。

　　（1）可逆的沉淀反应　此时蛋白质分子的结构尚未发生显著变化，除去引起沉淀的因素后，蛋白质沉淀仍能溶解于原来溶剂中，并保持其天然性质而不变性。如大多数蛋白质的盐析作用或在低温下用乙醇（或丙酮）短时间作用于蛋白质。提纯蛋白质时，常利用此类反应。

　　（2）不可逆沉淀反应　此时蛋白质分子内部结构发生重大改变，蛋白质常变性而沉淀，不再溶于原来溶剂中。加热引起的蛋白质沉淀与凝固，蛋白质与重金属离子或某些有机酸的反应都属于此类。

　　蛋白质变性后，有时由于维持溶液稳定的条件仍然存在（如电荷），并不析出。因此变性蛋白质并不一定都表现为沉淀，而沉淀的蛋白质也未必都已变性。

三、材料、试剂与器具

1. 材料

新鲜鸡蛋。

2. 试剂

（1）4g/L 酪蛋白乙酸钠溶液 200mL。取 0.4g 酪蛋白，加少量水在乳钵中仔细地研磨，将所得的蛋白质悬胶液移入 200mL 锥形瓶内，用少量 40~50℃的温水洗涤乳钵，将洗涤液也移入锥形瓶内。加入 10mL 1mol/L 乙酸钠溶液。把锥形瓶放到 50℃水浴中，并小心地旋转锥形瓶，直到酪蛋白完全溶解为止。将锥形瓶内的溶液全部移到 100mL 容量瓶内，加水至刻度，塞紧玻璃塞，混匀。

（2）1.00mol/L 乙酸溶液 100mL。

（3）0.10mol/L 乙酸溶液 300mL。

（4）0.01mol/L 乙酸溶液 50mL。

（5）蛋白质溶液 500mL。50g/L 卵清蛋白溶液或鸡蛋清的水溶液（新鲜鸡蛋清：水＝1：9）。

（6）pH 4.7 乙酸–乙酸钠的缓冲溶液 100mL。

（7）30g/L 硝酸银溶液 10mL。

（8）50g/L 三氯乙酸溶液 50mL。

（9）95%乙醇 250mL。

（10）饱和硫酸铵溶液 250mL。

（11）硫酸铵结晶粉末 500g。

（12）0.1mol/L 盐酸溶液 300mL。

（13）0.1mol/L 氢氧化钠溶液 300mL。

（14）0.05mol/L 碳酸钠溶液 300mL。

（15）甲基红溶液 20mL。

3. 器具

水浴锅，温度计，200mL 锥形瓶，100mL 容量瓶，吸管，试管及试管架，乳钵。

四、实验步骤

（一）酪蛋白等电点的测定

1. 加样

取同样规格的试管 5 支，按表 3–2 顺序分别精确地加入各试剂，然后混匀。

表 3–2　　　　　　　　酪蛋白等电点的测定各试剂加样表

试剂	试管编号				
	1	2	3	4	5
蒸馏水/mL	0.9	0	0.8	0	0.9
0.01mol/L 乙酸/mL	—	—	—	1.4	0.5
0.1mol/L 乙酸/mL	—	1.4	0.6	—	—
1.0mol/L 乙酸/mL	0.5	—	—	—	—

2. 等电点测定

向以上试管中各加酪蛋白的乙酸钠溶液 0.5mL，加一管，摇匀一管。此时 1、2、3、4、5 管的 pH 依次为 3.75、4.30、4.60、5.30、5.75。观察其混浊度。静置 10min 后，再观察其混浊度。最混浊的一管 pH 即为酪蛋白的等电点。

（二）蛋白质的沉淀及变性

1. 蛋白质的盐析

无机盐（硫酸铵、硫酸钠、氯化钠等）的浓溶液能析出蛋白质。盐的浓度不同，析出的蛋白质也不同。如球蛋白可在半饱和硫酸铵溶液中析出，而清蛋白则在饱和硫酸铵溶液中才能析出。

由盐析获得的蛋白质沉淀，当降低其盐类浓度时，又能再溶解，故蛋白质的盐析作用是可逆过程。

加蛋白质溶液 5mL 于试管中，再加等量的饱和硫酸铵溶液，混匀后静置数分钟则析出球蛋白的沉淀。倒出少量混浊沉淀，加少量水，观察是否溶解，为什么？将管内容物过滤，向滤液中添加硫酸铵粉末到不再溶解为止。此时析出沉淀为清蛋白。

取出部分清蛋白，加少量蒸馏水，观察沉淀的再溶解。

2. 重金属离子沉淀蛋白质

重金属离子与蛋白质结合成不溶于水的复合物。

取 1 支试管，加入蛋白质溶液 2mL，再加 30g/L 硝酸银溶液 1~2 滴，振荡试管，有沉淀产生。放置片刻，倾去上清液，向沉淀中加入少量的水，沉淀是否溶解？为什么？

3. 某些有机酸沉淀蛋白质

取 1 支试管，加入蛋白质溶液 2mL，再加入 1mL 50g/L 三氯乙酸溶液，振荡试管，观察沉淀的生成。放置片刻倾出清液，向沉淀中加入少量水，观察沉淀是否溶解。

4. 有机溶剂沉淀蛋白质

取 1 支试管，加入 2mL 蛋白质溶液，再加入 2mL 95% 乙醇。观察沉淀的生成（如果沉淀不明显，加点 NaCl，混匀）。

5. 乙醇引起的变性与沉淀

取 3 支试管，编号。依表 3-3 顺序加入试剂。

表 3-3 　　　　　　　　乙醇引起的变性与沉淀加样表

试剂	试管编号		
	1	2	3
蛋白质溶液/mL	1	1	1
0.1mol/L 氢氧化钠溶液/mL	—	1	—
0.1mol/L 盐酸溶液/mL	—	—	1
95% 乙醇/mL	1	1	1
pH 4.7 缓冲溶液/mL	1	—	—

振摇混匀后，观察各管有何变化。放置片刻向各管内加入 8mL 水，然后在第 2、3 号管中各加一滴甲基红，再分别用 0.1mol/L 乙酸溶液及 0.05mol/L 碳酸钠溶液中和之。观察各管颜色的变化和沉淀的生成。每管再加 0.1mol/L 盐酸溶液数滴，观察沉淀的再溶解。解释各

管发生的全部现象。

五、实验报告

以表格形式总结实验结果，包括观察到的现象，分析评价实验结果。

六、注意事项

1. 危险化学品危险性类别及使用注意事项

（1）盐酸　皮肤腐蚀/刺激、严重眼损伤/眼刺激、特异性靶器官毒性–一次接触、危害水生环境。本实验使用浓度低，注意操作规范。易制毒试剂，使用时填写使用记录。

（2）氢氧化钠　皮肤腐蚀/刺激、严重眼损伤/眼刺激。本实验使用浓度低，注意操作规范。

（3）三氯乙酸　皮肤腐蚀/刺激、严重眼损伤/眼刺激、特异性靶器官毒性–一次接触、危害水生环境。本实验使用浓度低，注意操作规范。

（4）硝酸银　氧化性固体、皮肤腐蚀/刺激、严重眼损伤/眼刺激、危害水生环境。本实验使用浓度低，注意操作规范。易制爆试剂，使用时填写使用记录。

各类化学品接触到皮肤，马上用水冲洗，用肥皂或洗手液洗涤并冲洗干净。

2. 实验过程操作注意事项

等电点测定时要求各种试剂的浓度和加入量必须相当准确。

3. 实验废弃物处理

（1）实验产物为很稀的酸和碱及无毒溶液，可以稀释以后直接排放。

（2）玻璃碎片置于玻璃废弃物收集桶中。

🔍 思考题

1. 什么是蛋白质的等电点？
2. 在等电点时，蛋白质溶液为什么容易发生沉淀？

实验七　蛋白质浓度测定

考马斯亮蓝法

一、实验目的

学习考马斯亮蓝（coomassie brilliant blue）法测定蛋白质浓度的原理和方法。

二、实验原理

考马斯亮蓝法测定蛋白质浓度，是利用蛋白质–染料结合的原理，定量地测定微量蛋白质浓度的快速、灵敏的方法。

考马斯亮蓝 G250 存在着两种不同的颜色形式，红色/棕黑色和蓝色，它和蛋白质通过范德瓦耳斯力结合，在一定蛋白质浓度范围内，蛋白质和染料结合符合朗伯-比尔定律。此染料与蛋白质结合后颜色有红色/棕黑色形式和蓝色形式，最大光吸收由 465nm 变成 595nm，通过测定 595nm 处光吸收的增加量可知与其结合蛋白质的量。

蛋白质和染料结合是一个很快的过程，约 2min 即可反应完全，呈现最大光吸收，并可稳定 1h，之后，蛋白质-染料复合物发生聚合并沉淀出来。蛋白质-染料复合物具有很高的消光系数，使得在测定蛋白质浓度时灵敏度很高，在测定溶液中含蛋白质 5μL/mL 时就有 0.275 吸光度的变化，比福林-酚试剂法灵敏 4 倍，测定范围为 10~100μg 蛋白质，微量测定法测定范围是 1~10μg 蛋白质。此反应重复性好，精确度高，线性关系好。标准曲线在蛋白质浓度较大时稍有弯曲，这是由于染料本身的两种颜色形式光谱有重叠，试剂背景值随更多染料与蛋白质结合而不断降低，但直线弯曲程度很轻，不影响测定。

三、材料、试剂与器具

1. 材料、试剂

（1）考马斯亮蓝试剂　称取 100mg 考马斯亮蓝 G250 溶于 50mL 5%乙醇中，加入 100mL 85%磷酸，用蒸馏水稀释至 1000mL，滤纸过滤。

（2）9g/L NaCl 溶液。

（3）标准蛋白质溶液（0.1mg/mL）　准确称取 0.2g 结晶牛血清白蛋白，用 9g/L NaCl 溶液溶解并稀释至 2000mL。

（4）待测蛋白质溶液　人血清，使用前用 9g/L NaCl 溶液稀释 200 倍。

2. 器具

（1）漩涡混合器。

（2）移液管 0.5mL（×2）、1.0mL（×2）、5mL（×1）。

（3）UV-2000 型分光光度计。

（4）试管 1.5cm×15cm（×8）。

（5）量筒 100mL（×1）。

（6）电子分析天平。

（7）试管架（×1）。

四、实验步骤

1. 标准曲线的绘制

取 7 支试管，按表 3-4 进行编号并加入试剂。

绘制标准曲线：以 A_{595nm} 为纵坐标，标准蛋白质含量为横坐标，在坐标纸上绘制标准曲线。

表 3-4　　　　　　　　考马斯亮蓝法测定蛋白质浓度——标准曲线的绘制

试剂	试管编号						
	0	1	2	3	4	5	6
1mg/mL 标准蛋白溶液/mL	0	0.1	0.2	0.3	0.4	0.5	0.6
0.15mol/L NaCl /mL	1	0.9	0.8	0.7	0.6	0.5	0.4
考马斯亮蓝试剂/mL	4	4	4	4	4	4	4

续表

试剂	试管编号						
	0	1	2	3	4	5	6
摇匀，1h 内以 0 号管为空白对照，在 595nm 处比色							
A_{595nm}							

2. 未知样品蛋白质浓度测定

另取 1 支干净试管，加入样品液 1.0mL 及考马斯亮蓝试剂 4.0mL，混匀，室温静置 3min，于 595nm 处比色，在标准曲线上查出其相当于标准蛋白质的量，从而计算出待测样品的蛋白质浓度（mg/mL）。

五、注意事项

（1）如果测定要求很严格，可以在试剂加入后的 5~20min 内测定吸光度，因为在这段时间内颜色是最稳定的。

（2）测定中，蛋白质-染料复合物会有少部分吸附于比色皿壁上，实验证明此复合物的吸附量是可以忽略的。测定完后可用乙醇将蓝色的比色皿洗干净。

1. 根据下列所给的条件和要求，选择一种或几种常用蛋白质定量方法测定蛋白质的浓度。

（1）样品不易溶解，但要求结果较准确。

（2）要求在半天内测定 60 个样品。

（3）要求很迅速地测定一系列试管（30 支）中溶液的蛋白质浓度。

2. 试比较考马斯亮蓝法与其他几种常用蛋白质定量测定方法的优缺点。

紫外分光光度法

一、实验目的

1. 了解紫外分光光度法测定蛋白质含量的原理。
2. 了解紫外分光光度计的构造原理，掌握它的使用方法。

二、实验原理

由于蛋白质分子中酪氨酸和色氨酸残基的苯环含有共轭双键，因此蛋白质有吸收紫外线的性质，吸收高峰在 280nm 波长处。在一定浓度范围内，蛋白质溶液的吸光度（A_{280nm}）与其含量成正比关系，可用作定量测定。

利用紫外分光光度法测定蛋白质含量的优点是迅速、简便，不消耗样品，低浓度盐类不干扰测定。因此，广泛使用在蛋白质和酶的生化制备中（特别是在柱层析分离中）。此法的缺点是：①对于测定那些与标准蛋白质中酪氨酸和色氨酸含量差异较大的蛋白质，有一定的误差；②若样品中含有嘌呤、嘧啶等吸收紫外线的物质，会出现较大的干扰。因此溶液中同时存在核酸时，必须同时测定 A_{260nm} 与 A_{280nm}，然后根据两种波长的吸光度的比值，通过经验公式校正，以消除核酸的影响而推算出蛋白质的真实含量。

不同的蛋白质和核酸的紫外线吸收是不同的，即使经过校正，测定结果也还存在一定的误差。但是可作为初步定量的依据。该法可测定蛋白浓度范围应在 $0.1 \sim 1.0$mg/mL。

三、材料、试剂与器具

1. 材料、试剂

（1）标准蛋白质溶液（1mg/mL）　准确称取 0.25g 结晶牛血清白蛋白，用 9g/L NaCl 溶液溶解并稀释至 250mL。

（2）待测蛋白质溶液　用酪蛋白配制，浓度控制在 $1.0 \sim 2.5$mg/mL。

（3）9g/L NaCl 溶液。

2. 器具

紫外分光光度计，试管 1.5cm×15cm（×9），移液管 1mL（×3）、2mL（×2）、5mL（×2）。

四、实验步骤

（一）标准曲线法

1. 标准曲线的绘制

取 8 支试管编号，按表 3-5 分别向每支试管加入各种试剂，摇匀。选用光程为 1cm 的石英比色皿，在 280nm 波长处分别测定各管溶液的 A_{280} 值。以 A_{280} 值为纵坐标，蛋白质浓度为横坐标，绘制标准曲线。

表 3-5　　　　　紫外分光光度法测定蛋白质浓度——标准曲线的绘制

试剂	试管编号							
	1	2	3	4	5	6	7	8
标准蛋白质溶液/mL	0	0.5	1.0	1.5	2.0	2.5	3.0	4.0
蒸馏水/mL	4.0	3.5	3.0	2.5	2.0	1.5	1.0	0
蛋白质浓度/（mg/mL）	0	0.125	0.25	0.375	0.50	0.625	0.75	1.0
A_{280}								

2. 样品测定

取待测蛋白质溶液 1.0mL，加入蒸馏水 3.0mL，摇匀，测 A_{280nm}，并从标准曲线上查出待测蛋白质的浓度。

（二）直接测定法

在紫外分光光度计上，将待测的蛋白质溶液小心盛于石英比色皿中，以生理盐水为对照，测得 280nm 和 260nm 两种波长的吸光度（A_{280nm} 及 A_{260nm}）。

将 280nm 及 260nm 波长处测得的吸光度按式（3-3）计算蛋白质浓度。

$$C = 1.45 A_{280nm} - 0.74 A_{260nm}$$

（3-3）

式中 C——蛋白质浓度，mg/mL；

A_{280nm}——蛋白质溶液在 280nm 处测得的吸光度；

A_{260nm}——蛋白质溶液在 260nm 处测得的吸光度。

本法对微量蛋白质的测定既快又方便，它还适用于硫酸铵或其他盐类混杂的情况，这时用其他方法测定往往较困难。

为简便起见，对于混合蛋白质溶液，可用 A_{280nm} 乘以 0.75 来代表其中蛋白质的大致含量（mg/mL）。

五、注意事项

由于各种蛋白质含有不同量的酪氨酸和苯丙氨酸，显色的深浅往往随不同的蛋白质而变化。因而本测定法通常只适用于测定蛋白质的相对浓度（相对于标准蛋白质）。此外蛋白质溶液中存在核酸或核苷酸时也会影响紫外分光光度法测定蛋白质含量的准确性。尽管利用上述公式进行了校正，但由于不同样品中干扰成分差异较大，致使 280nm 紫外分光光度法的准确性稍差。

🔍 思考题

1. 紫外分光光度法测定蛋白质含量的原理是什么？
2. 影响紫外分光光度法测定蛋白质含量准确性的因素有哪些？

福林–酚试剂法

一、实验目的

熟悉并掌握福林–酚试剂法测定蛋白质浓度的原理。

二、实验原理

福林–酚试剂法又称 Lowry 法。首先在碱性溶液中形成铜–蛋白复合物，然后这一复合物还原磷钼酸–磷钨酸试剂，产生钼蓝和钨蓝复合物的深蓝色，这种深蓝色的复合物在 750nm 和 660nm 处有最大的吸收峰，颜色的深浅（吸光度）与蛋白质浓度成正比，可根据 750nm 的吸光度大小计算蛋白质的浓度。

三、材料、试剂与器具

1. 材料、试剂

（1）福林–酚试剂 A（碱性铜试剂） 取 20g Na_2CO_3 和 4g NaOH，加双蒸水至 1000mL，此为储备液 I，该溶液可在室温下长期保存。另取 0.5g $CuSO_4 \cdot 5H_2O$ 和 1g $Na_3C_6H_5O_7$，加双蒸水至 100mL，此为储备液 II，该溶液可在室温下长期保存。

将 50mL 储备液 I 和 1mL 储备液 II 混合，即为试剂 A，混合后的溶液在 1d 内有效。

（2）福林–酚试剂 B 将 100g 钨酸钠（$Na_2WO_4 \cdot 2H_2O$）、25g 钼酸钠（$Na_2MoO_4 \cdot 2H_2O$）、100g 蒸馏水、50mL 85%磷酸及 100mL 浓盐酸置于 1500mL 磨口圆底烧瓶中，充分混匀后，接

上磨口冷凝管，回流 10h。再加入硫酸锂 150g，蒸馏水 50mL 及液溴数滴，开口煮沸 15min，驱除过量的溴（在通风橱内进行）。冷却，稀释至 1000mL，过滤，滤液呈微绿色，贮于棕色瓶中。临用前，用标准氢氧化钠溶液滴定，用酚酞作指示剂（由于试剂微绿，影响滴定终点的观察，可将试剂稀释 100 倍再滴定）。根据滴定结果，将试剂稀释至相当于 1mol/L 的酸（稀释 1 倍左右），贮于冰箱中可长期保存。

（3）标准浓度牛血清蛋白溶液　200μg/mL。

2. 器具

721 型分光光度计（使用光径为 1cm 的比色皿），刻度吸管 0.5mL 1 支、2mL 2 支、5mL 1 支，试管（15mm×150mm）8 支，恒温水浴。

四、实验步骤

1. 标准曲线的绘制

将 5 支干净试管编号，按表 3-6 顺序加入试剂。

试剂 A 加入后混匀，室温放置 10min，再加试剂 B 0.3mL，混匀后放置 10min，再第二次加入试剂 B 0.2mL，混匀后放置 30min，于 660nm 处比色，做吸光度-蛋白质浓度曲线。

表 3-6　　　　　　　　福林-酚试剂法测定蛋白质浓度——标准曲线的绘制

试剂	试管编号					
	0	1	2	3	4	5
牛血清蛋白溶液/mL	0	0.2	0.4	0.6	0.8	1.0
蒸馏水/mL	4.5	4.3	4.1	3.9	3.7	3.5
试剂 A/mL	1.0	1.0	1.0	1.0	1.0	1.0
试剂 B 第一次/mL	0.3	0.3	0.3	0.3	0.3	0.3
试剂 B 第二次/mL	0.2	0.2	0.2	0.2	0.2	0.2
总体积/mL	6.0	6.0	6.0	6.0	6.0	6.0
A_{660nm}						

2. 样液测定

准确吸取样液 1.0mL 置于干净试管中，按表 3-6 依次加入各试剂，在 660nm 处比色，对照标准曲线求出样液蛋白质浓度。

🔍 思考题

1. 福林-酚试剂法测定蛋白质浓度的原理是什么？
2. 影响福林-酚试剂法测定蛋白质浓度准确性的因素有哪些？

双缩脲法

一、实验目的

了解并掌握双缩脲法测定蛋白质浓度的原理和方法。

二、实验原理

具有两个或两个以上肽键的化合物皆有双缩脲反应，在碱性溶液中蛋白质与 Cu^{2+} 形成紫色配合物，在 540nm 处有最大吸收。在一定浓度范围内，蛋白质浓度与双缩脲反应所呈的颜色深浅成正比，可用比色法定量测定。

双缩脲法常用于需要快速但不要求十分精确的测定。

三、材料、试剂与器具

1. 材料、试剂

（1）双缩脲试剂　将 0.175g $CuSO_4 \cdot 5H_2O$ 溶于约 15mL 蒸馏水，置于 100mL 容量瓶中，加入 30mL 浓氨水、30mL 冰冷的蒸馏水和 20mL 饱和氢氧化钠溶液，摇匀，室温放置 1~2h，再加蒸馏水至刻度，摇匀备用。

（2）2.0mg/mL 牛血清蛋白溶液。

2. 器具

容量瓶 10mL（×6），试管 1.5cm×15cm（×8），吸管 5.0mL（×3）、2.0mL（×1），721型分光光度计。

四、实验步骤

1. 标准曲线的绘制

取 6 只 10mL 容量瓶并编号，按表 3-7 加入试剂，即得 6 种不同浓度的蛋白质溶液。

表 3-7　　　　　　　　　双缩脲法测定蛋白质浓度——标准曲线的绘制

容量瓶编号	牛血清蛋白溶液/mL	蒸馏水	蛋白质浓度/（mg/mL）
1	1.0	稀释至刻度	0.2
2	2.0	稀释至刻度	0.4
3	3.0	稀释至刻度	0.6
4	4.0	稀释至刻度	0.8
5	5.0	稀释至刻度	1.0
6	6.0	稀释至刻度	1.2

另取干净试管 7 支，按 0、1、2、3、4、5、6 编号，1~6 号试管分别加入上述不同浓度的蛋白质溶液 3.0mL。0 号试管为空白（对照试管），加入 3.0mL 蒸馏水。在各试管中加入双缩脲试剂 2.0mL，充分混匀，即有紫红色出现，于 540nm 处测定其吸光度，比色测定务必在显色 30min 内完成，绘制蛋白质浓度-吸光度曲线。

2. 样品的测定

取样品溶液 3.0mL 置于试管中，加入双缩脲试剂 2.0mL，充分混匀，540nm 处测定其吸光度，对照标准曲线求出样液蛋白质浓度。

🔍 思考题

1. 本法与其他测定蛋白质含量的方法相比，有哪些优点？
2. 若样品中含有干扰测定的杂质，应该如何校正实验结果？

实验八　微量凯氏定氮法测总蛋白

微量凯氏定氮法
测总蛋白

一、实验目的

掌握凯氏定氮法测定蛋白质含量的原理和方法。

二、实验原理

样品与浓硫酸共热，含氮有机物即分解产生氨（消化），氨与硫酸作用，变成硫酸铵。然后经强碱碱化使硫酸铵分解释放出氨，借蒸汽将氨蒸至酸液中，根据此酸液被中和的程度，即可计算得样品的含氮量。

以甘氨酸为例，其反应式为：

$NH_2CH_2COOH+H_2SO_4 \rightarrow 2CO_2+SO_2+2H_2O+NH_3$

$2\ NH_3+H_2SO_4 \rightarrow (NH_4)_2SO_4$

$(NH_4)_2SO_4+2NaOH \rightarrow Na_2SO_4+2H_2O+2NH_3$

$NH_3+H_3BO_3 \rightarrow NH_4H_2BO_3$

$NH_4H_2BO_3+HCl \rightarrow H_3BO_3+NH_4Cl$

三、材料、试剂与器具

1. 材料、试剂

（1）蛋白样品　2g 牛血清蛋白溶于 9g/L NaCl 溶液并稀释至 100mL。

（2）浓硫酸。

（3）硫酸钾 3 份与硫酸铜 1 份（质量比）混合研磨成粉末。

（4）300g/L NaOH 溶液　30g 氢氧化钠溶于蒸馏水，稀释至 100mL。

（5）20g/L 硼酸溶液　2g 硼酸溶于蒸馏水，稀释至 100mL。

（6）混合指示剂　1g/L 甲基红乙醇溶液与 1g/L 甲基蓝乙醇溶液，临用时按 2:1 的比例混合，或 1g/L 甲基红乙醇溶液与 1g/L 溴甲酚绿乙醇溶液，临用时按 1:5 的比例混合。

（7）0.0102 mol/L HCl 标准溶液。

2. 器具

改良式凯氏定氮仪。图 3-3 中所示的蒸馏装置中水蒸气发生瓶和蒸馏瓶是重叠在一起的，并且蒸馏瓶的出口端直接熔接在冷凝器上。如图所示，1 是蒸馏瓶，容量 35mL；2 是水蒸气发生瓶，酒精灯 11 加热后，2 瓶发出的水蒸气经 Y 形管 10 进 1 瓶里，Y 形管的另一支伸出瓶外。用一小段橡皮管连到加消化液和碱液的漏斗 3 上；蒸馏瓶的出口焊接在冷凝器 4 上，冷

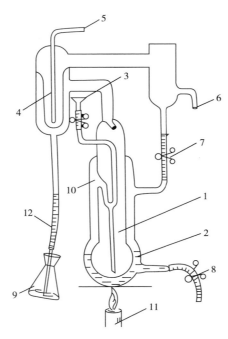

图 3-3 改良式凯氏定氮仪

1—蒸馏瓶 2—水蒸气发生瓶 3—漏斗 4—冷凝器 5—冷水入口管 6—冷水出口管
7—螺旋夹 8—水蒸气发生瓶出水管 9—吸收瓶 10—Y 形管 11—酒精灯 12—软管

水从 5 管通入，通到 6 管中。调节螺旋夹 7 可以使 6 管中的水流进 2 瓶或从 6 管流出。此外，2 瓶里过多的水或蒸馏完毕吸回的废液可以经 8 管溢到 6 管中。从 6 管中流出的水用橡皮管通到水槽里。2 瓶产生的蒸汽经 1 瓶至冷凝管，冷凝的液体经软管 12 流入吸收瓶 9 中。

四、实验步骤

1. 消化

将两个 50mL 克氏烧瓶编号，一只烧瓶内加 2mL 蒸馏水，为空白试验。另一烧瓶内加入 2mL 样液。然后各加硫酸钾-硫酸铜混合物约 20mg 及浓硫酸 3mL。烧瓶口插一小漏斗（作冷凝用），烧瓶置通风橱内的消化架或电炉上加热消化，开始时应控制火力，勿使瓶内液体冲至瓶颈。等瓶内水汽蒸完，硫酸开始分解释放出 SO_2，产生白烟后，适当加强火力，直到消化液透明并呈淡绿色为止（2~3h），冷却，将消化液移到 25mL 的容量瓶中定容。

操作时注意以下几点：

①应注意勿使用品黏于烧瓶底部，放置液体样品时，需将试管插至瓶底部再放样；如是固体样品可将样品卷在纸内，平插至烧瓶底部，然后将烧瓶直起，纸卷内的样品即完全放在烧瓶底部。

②烧瓶应斜放（45°左右），万一有少量样品黏于瓶颈部，可转动烧瓶利用冷凝的硫酸将样品冲至瓶底。

③并非所有样品至透明时，即表示消化完全。消化液的颜色也常因样品成分的不同而异。因此，每测一新样品时，最好先试验一下需多少时间才能使样品中的有机氮全部变成无

机氮。以后即以此时间为标准。本实验至消化液呈透明淡绿色时，即消化完全。

2. 凯氏定氮仪的安装和洗涤

取 100 mL 锥形瓶 2 只，洗净，用吸管各加入 20g/L 硼酸溶液 10.0 mL 及混合指示剂 4 滴。如瓶内液体呈葡萄紫色，可再加硼酸液 5.0 mL，盖好备用。如锥形瓶内液体呈绿色，需重新洗涤。

微量凯氏定氮仪实际上是一套蒸馏装置。蒸汽发生器内盛有加入数滴 H_2SO_4 的蒸馏水（和数粒沸石），加热后，产生的蒸汽经贮液管、反应室至冷凝管，冷凝液体流入接受瓶。每次使用前，需要蒸汽洗涤 10min 左右（此时可用一小烧杯承接冷凝的水），然后将一只盛有硼酸液和指示剂的锥形瓶置冷凝管下端，并使冷凝管管口插入酸液内，继续蒸馏 1~2min，如硼酸液颜色不变，表示仪器洗净，否则需再洗，移去酸液，蒸馏 1min，用水冲洗冷凝管口，吸去反应室残液。

3. 蒸馏

取 5 mL 消化液，由小漏斗加入反应室，用蒸馏水洗涤小漏斗，洗涤液由小漏斗流入反应室。

用小量筒量取 10 mL 300g/L NaOH 溶液，倒入小漏斗，放松弹簧夹，让 NaOH 溶液缓缓流入反应室，当小漏斗内仍有少量 NaOH 溶液时，夹紧夹子，再加约 3 mL 蒸馏水于小漏斗内，同样缓缓放入反应室，并留少量水在漏斗内作水封。至此，即可蒸馏。

开始蒸馏后，即应注意硼酸溶液颜色变化，当酸液由葡萄紫色变成绿色后，再蒸馏 3 min，然后降低锥形瓶，使冷凝管口离开酸液液面约 1 cm。再蒸馏 1 min，用少量蒸馏水冲洗冷凝管口，移去锥形瓶，盖好，准备滴定。

注意：

（1）定氮仪各连接处应使玻璃对玻璃外套橡皮管，绝对不能漏气。

（2）所用橡皮管、塞需经处理。处理方法是：浸在 100g/L NaOH 溶液中煮约 10min，再水洗数次。

（3）蒸馏过程中切忌火力不稳，否则将发生倒吸现象。

凯氏定氮仪每用一次均必须先把反应室内残液吸去，洗净。

4. 滴定

用 0.0102 mol/L HCl 标准溶液滴定锥形瓶中的硼酸液至淡葡萄紫色，记录所耗 HCl 溶液体积。

5. 计算

$$样品含氮量(mg/mL) = \frac{(A - B) \times N \times 14.008 \times V_2}{V_1 \times V_3}$$ (3-4)

式中 A——滴定样品用去的 HCl 溶液体积，mL；

B——滴定空白用去的 HCl 溶液体积，mL；

N——盐酸的浓度，mol/L；

14.008——每摩尔氮原子质量，g/mol；

V_1——烧瓶内加入样液的体积，mL；

V_2——消化液移到容量瓶中定容的体积，mL；

V_3——加入反应室的消化液体积，mL。

计算所得结果为样品总氮量，如欲求得蛋白质含量，用蛋白氮乘以 6.25 即得。

五、注意事项

1. 危险化学品危险性类别及使用注意事项

（1）氢氧化钠　皮肤腐蚀/刺激、严重眼损伤/眼刺激。使用时注意不要接触皮肤。

（2）硫酸　皮肤腐蚀/刺激、严重眼损伤/眼刺激。在通风橱中使用，并注意不要接触到皮肤。易制毒试剂，使用时填写使用记录。

各类化学品接触到皮肤，马上用水冲洗，用肥皂或洗手液洗涤并冲洗干净。

2. 实验过程操作注意事项

（1）本法适用于测定 0.05~3.0mg 氮，样品中含氮量过高时，则应减少取样量或将样液稀释。

（2）除 $CuSO_4$ 外，还可用硒汞混合物或钼酸钠作催化剂，如用 $CuSO_4$，消化时间仍很长，可改用钼酸钠。

（3）凯氏定氮法分常量、半微量和微量三种，常量定氮法可用强酸，微量定氮法必须用弱酸。

（4）应取少量硼酸溶液用混合指示剂试之，如不呈葡萄紫，则以稀酸或碱调节。

（5）酒精灯旁禁止放置一切易燃物，使用时注意灼伤，不用时必须加盖灭火，添加酒精时需远离明火。

> 🔍 思考题
>
> 1. 比较已做过的蛋白质含量测定的几种方法的优缺点。
> 2. 请设计常量凯氏定氮的实验方案。

实验九　核酸定量测定

定磷法

一、实验目的

学习并掌握定磷法测定核酸含量的原理和操作方法。

定磷法测定核
酸含量

二、实验原理

核酸分子结构中含有一定比例的磷（RNA 含磷量为 8.5%~9.0%，DNA 含磷量为 9.2%），测定其含磷量即可求出核酸的量。核酸分子中的有机磷经强酸消化后形成无机磷，在酸性条件下，无机磷与钼酸铵结合成黄色磷钼酸铵沉淀，其反应式为：

$$PO_4^{3-}+3NH_4^{+}+12MoO_4^{2-}+24H^{+}\longrightarrow (NH_4)_3PO_4 \cdot 12MoO_3 \cdot 6H_2O\downarrow +6H_2O$$

生成的化合物为黄色，称为磷钼黄，其中钼为 +6 价。当还原剂存在时，Mo^{6+} 被还原为

Mo^{4+}，Mo^{4+}再与试剂中的其他 MoO_4^{2-}结合成 $Mo(MoO_4)_2$ 或 Mo_3O_8，呈蓝黑色，称为钼蓝。在一定浓度范围内，蓝色的深浅与磷含量成正比，可用比色法测定。若样品中还含有无机磷，需做对照测定，消除无机磷的影响，以提高准确性。

三、试剂与器具

1. 试剂

（1）标准磷溶液　将磷酸二氢钾（分析纯）于110℃烘至恒重，准确称取 0.8775g 溶于少量蒸馏水中，转入 500mL 容量瓶中。加入 5mL 5mol/L 硫酸溶液及氯仿数滴，用蒸馏水稀释至刻度。此溶液每 1mL 含磷 400μg，临用时准确稀释 20 倍（20μg/mL）。

（2）定磷试剂

①17%硫酸：17mL 浓硫酸（密度 1.84g/mL）缓缓加入 83mL 水中。

②25g/L 钼酸铵溶液：2.5g 钼酸铵溶于 100mL 水。

③100g/L 抗坏血酸溶液：10g 抗坏血酸溶于 100mL 水，并贮于棕色瓶中，溶液呈淡黄尚可使用，呈深黄甚至棕色即失效。

临用时将上述三种溶液与水按如下比例混合：溶液①：溶液②：溶液③：水 = 1：1：1：2（体积比）

（3）5%氨水（分析纯）。

（4）27%硫酸　27mL 硫酸缓缓倒入 73mL 水中。

2. 器具

（1）721 型分光光度计。

（2）吸量管　10mL×4，5mL×5，1mL×6。

（3）50mL 容量瓶 1 只。

（4）恒温水浴。

（5）硬质玻璃试管 9 支。

四、实验步骤

1. 消化

称粗核酸 0.1g，用少量水溶解（若不溶，可滴加 5%氨水至 pH 7.0），待全部溶解后移至 50mL 容量瓶中，加水至刻度（此溶液含样品 2mg/mL），即配成核酸溶液。

吸取上述核酸溶液 1.0mL，置硬质大试管中，加入 2.5mL 17%硫酸及几粒玻璃珠，于通风橱内直火加热至溶液透明（切勿烧干），表示消化完成。

2. 磷标准曲线的绘制，见表 3-8。

表 3-8　　　　　　　　　　定磷法测定核酸含量试验表

试剂	试管编号							总磷	无机磷
	0	1	2	3	4	5	6		
磷标准溶液/mL	0	0.1	0.2	0.3	0.4	0.5	0.6	0	0
样品液/mL	0	0	0	0	0	0	0	1.5	1.5
蒸馏水/mL	3.0	2.9	2.8	2.7	2.6	2.5	2.4	1.5	1.5

续表

试剂	试管编号							总磷	无机磷
	0	1	2	3	4	5	6		
定磷试剂/mL	3.0	3.0	3.0	3.0	3.0	3.0	3.0	3.0	3.0
	45℃水浴，10min								
A_{660nm}									

加毕摇匀，在45℃水浴中保温10min，冷却，以0号管调零点，于660nm处测吸光度。以磷含量为横坐标，吸光度为纵坐标作图。

3. 总磷的测定

将消化液冷却后取下，移入50mL容量瓶中，以少量蒸馏水洗硬质试管两次，洗涤液一并倒入容量瓶，再加蒸馏水至刻度，混匀后吸取1.5mL溶液置试管中，加1.5mL H_2O，再加3mL定磷试剂，45℃水浴保温10min后取出，测A_{660nm}。

4. 无机磷的测定

吸取核酸溶液1mL，置于50mL容量瓶中，加水至刻度，混匀后吸取1.5mL置硬质试管中，加1.5mL H_2O，定磷试剂3.0mL，45℃水浴中保温10min，取出测A_{660nm}。

五、结果处理

总磷（A_{660nm}）－无机磷（A_{660nm}）＝有机磷（A_{660nm}）。

从标准曲线上查出有机磷质量（x），按式（3-5）计算样品中核酸百分含量：

$$核酸(\%) = \frac{\dfrac{x}{测定时取样体积(mL)} \times 稀释倍数 \times 11}{样品质量(\mu g)} \times 100\% \qquad (3-5)$$

六、注意事项

1. 危险化学品危险性类别及使用注意事项

（1）硫酸　皮肤腐蚀/刺激、严重眼损伤/眼刺激。在通风橱中使用，并注意不要接触到皮肤。易制毒试剂，使用时填写使用记录。

（2）氨水（＞10%）　皮肤腐蚀/刺激、严重眼损伤/眼刺激、特异性靶器官毒性——次接触、危害水生环境。本实验使用浓度低，注意操作规范。

各类化学品接触到皮肤，马上用水冲洗，用肥皂或洗手液洗涤并冲洗干净。

2. 实验过程操作注意事项

（1）定磷试剂含有硫酸，使用过程注意防护。

（2）消化在通风橱中进行。

（3）使用明火电炉要注意安全，注意烫伤危险，旁边不能有有机溶剂等易燃品。

（4）恒温水浴水位高于电加热管时才能通电。

（5）实验结束一定要关闭电炉、水浴锅、分光光度计等电器。

（6）保温时间、样品及定磷试剂的吸取量都应十分准确，消化液应转移完全。

（7）由于定磷试剂中含有抗坏血酸，极易氧化失效，应当日配制。

（8）应做空白管对照，消除硫酸中磷的干扰。如使用的硫酸含磷量极微，可省略不做。

（9）由于钼蓝反应极为灵敏，微量的磷、硅酸盐、铁离子以及酸度偏高或偏低都会影响测定的结果，因此实验用的器皿需要特别清洁，所用试剂必须用重蒸水（或去离子水）配制。

3. 实验废弃物处理

（1）实验产物为很稀的酸性无毒溶液，可以稀释以后直接排放。

（2）玻璃碎片置于玻璃废弃物收集桶中。

🔍 思考题

1. 定磷法操作中有哪些关键环节？

2. 定磷法测得的结果比实际含量偏高还是偏低？为什么？

二苯胺定糖法（钼蓝反应）

一、实验原理

在酸性溶液中，DNA 分子的脱氧核糖转化为 ω-羟-γ-酮基戊醛，它与二苯胺试剂作用生成蓝色化合物（$\lambda_{max} = 595nm$），DNA 在 $40 \sim 400\mu m$。蓝色物质的吸光度与 DNA 浓度成正比，可用比色法测定。除 DNA 外，脱氧木糖、阿拉伯糖也有同样反应，其他多数糖类包括核糖在内一般无此反应。

二、材料、试剂与器具

1. 材料

待测 DNA 样品。

2. 试剂

（1）DNA 标准溶液　称取适量小牛胸腺 DNA 钠盐（经定磷法确定其纯度），以 $0.01mol/L$ NaOH 溶液溶解配制成 $200\mu g/mL$（若测定 RNA 样品中 DNA 含量时，要求 RNA 样品中 DNA 含量至少为 $40\mu g/mL$）。

（2）二苯胺（diphenylamine）试剂　称取 1.0g 重结晶二苯胺，溶于 100mL 冰乙酸（分析纯）中，再加入 10mL 过氯酸（60%以上），混匀备用。临用前加入 1.0mL 1.6%乙醛溶液，配制成的试剂应为无色溶液。

3. 器具

试管及试管架、移液管（2mL、5mL）、721 型分光光度计、电子天平、恒温水浴锅。

三、实验步骤

1. 标准曲线绘制

取 16 支试管，分两组按表 3-9 进行平行操作取平均值，以此为纵坐标，以 DNA 浓度为横坐标，绘制标准曲线。

表 3-9　　　　　　　　　　　　　标准曲线制作及样品测定加样表

试剂	试管编号							
	1	2	3	4	5	6	7	8
DNA 标准溶液/mL								
蒸馏水/mL								
DNA 浓度/（μg/mL）								
待测液/mL								
二苯胺试剂/mL								
混匀，60℃恒温水浴保温 1h，冷却后 595nm 处比色								
A_{595}								

2、样品测定

8 号试管为待测样品管，待测样品按标准 DNA 方法处理，即溶解于 0.01mol/L NaOH 溶液，根据测得的吸光度从标准曲线上查出相对应的 DNA 浓度（μg/mL）。

四、注意事项

（1）配制待测样品溶液时，要使其浓度在标准曲线范围内。

（2）二苯胺试剂仅能与嘌呤核苷酸中的脱氧核糖反应，因此测定的可靠性受到不同来源的 DNA 中嘌呤与嘧啶核苷酸比例变化的限制，为提高测定准确度，应使用经纯化的其含磷量已知的小牛胸腺 DNA 作为标准样品进行校正。

🔍 思考题

待测样品中含有哪些物质会对测定产生干扰？

实验十　维生素 C 定量测定——2,6-二氯酚靛酚滴定法

一、实验目的

1. 学习定量测定维生素 C 的原理，掌握用 2,6-二氯酚靛酚滴定法定量测定食物和生物体液中维生素 C 的基本操作方法。

2. 了解蔬菜、水果中维生素 C 的含量情况。

二、实验原理

维生素 C 是人类营养中最重要的维生素之一，缺少它时会产生坏血病，因此维生素 C 又称为抗坏血酸（ascorbic acid）。它参与了许多重要物质的代谢反应。它是脯氨酸羟化酶的辅

酶，故有增进胶原蛋白合成的作用。机体中许多含巯基的酶，需要依赖于作为还原剂的抗坏血酸的保护，使酶分子的巯基处于还原状态而维持酶的活性。由于抗坏血酸的氧化还原作用，它可促进免疫球蛋白的合成，增强机体的抵抗力。同时还能使氧化型谷胱甘肽转化为还原型谷胱甘肽（简称 GSH），而 GSH 可与重金属结合排出体外，因此，维生素 C 可用于重金属的解毒。近年来，发现它还有增强机体对肿瘤的抵抗力，并具有对化学致癌物的阻断作用。

维生素 C 是具有 L 系糖构型的不饱和多羟基化合物，属于水溶性维生素。它分布很广，植物的绿色部分及许多水果（如猕猴桃、橘子、苹果、草莓、山楂等）、蔬菜（青椒、黄瓜、结球甘蓝、番茄等）中的含量更为丰富。

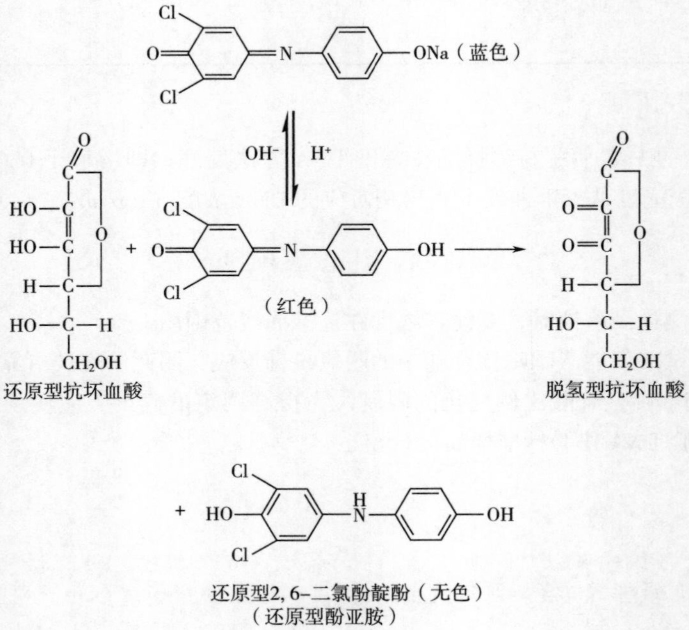

图 3-4　还原型抗坏血酸还原染料 2，6-二氯酚靛酚

维生素 C 具有很强的还原性。它可分为还原型和脱氢型。金属铜和酶（抗坏血酸氧化酶）可以催化维生素 C 氧化为脱氢型。根据它具有的还原性质可测定其含量。

还原型抗坏血酸能还原染料 2,6-二氯酚靛酚（dichlorophenolindo phenol，DCPIP），本身则氧化为脱氢型。在酸性溶液中，2,6-二氯酚靛酚呈红色，还原后变为无色（图 3-4）。因此，当用此染料滴定含有维生素 C 的酸性溶液时，维生素 C 尚未全部被氧化前，则滴下的染料立即被还原成无色。一旦溶液中的维生素 C 已全部被氧化时，则滴下的染料立即使溶液变成粉红色。所以，当溶液从无色转变成微红色时即表示溶液中的维生素 C 刚刚全部被氧化，此时即为滴定终点。如无其他杂质干扰，样品提取液所还原的标准染料量与样品中所含的还原型抗坏血酸成正比。

本法用于测定还原型抗坏血酸，总抗坏血酸的量常用 2,4-二硝基苯肼法和荧光分光光度法测定。

三、材料、试剂与器具

1. 材料

新鲜蔬菜或水果，如苹果、结球甘蓝等。

2. 试剂

（1）20g/L 草酸溶液 草酸 2g 溶于 100mL 蒸馏水中。

（2）10g/L 草酸溶液 草酸 1g 溶于 100mL 蒸馏水中。

（3）0.1mg/mL 标准维生素 C 溶液 准确称取 10mg 纯维生素 C（应为洁白色，如变为黄色则不能用）溶于 10g/L 草酸溶液中，并稀释至 100mL，贮于棕色瓶中，冷藏。最好临用前配制。

（4）1g/L 2,6-二氯酚靛酚溶液 250mg 2,6-二氯酚靛酚溶于 150mL 含有 52mg NaHCO$_3$ 的热水中，冷却后加水稀释至 250mL，滤去不溶物，贮于棕色瓶中冷藏（4℃）约可保存一周。每次临用时，以标准维生素 C 溶液标定。

3. 器具

锥形瓶（100mL），组织捣碎器，吸量管（10mL），漏斗，滤纸，微量滴定管（5mL），容量瓶（100mL，250mL）。

四、实验步骤

1. 维生素 C 的提取

水洗干净整株新鲜蔬菜或整个新鲜水果，用纱布或吸水纸吸干表面水分。然后称取 50~100g，加入等体积 20g/L 草酸，置组织捣碎机中打成浆状，滤纸过滤，滤液备用。滤纸可用少量 20g/L 草酸洗几次，合并滤液，记录滤液总体积。

2. 2,6-二氯酚靛酚溶液的标定

准确吸取标准抗坏血酸溶液 1.0mL（含 0.1mg 维生素 C）置 100mL 锥形瓶中，加 9mL 10g/L 草酸，用微量滴定管以 1g/L 2,6-二氯酚靛酚溶液滴定至淡红色，并保持 15s 不褪色，即达终点，由所用染料的体积计算出 1mL 染料能氧化维生素 C 的量（mg）。同时取 10mL 10g/L 草酸作空白对照，按以上方法滴定。

3. 样品滴定

准确吸取滤液两份，每份 10.0mL，分别放入 2 个 100mL 锥形瓶内，滴定方法同前，另取 10mL 10g/L 草酸作空白对照滴定。

4. 计算

$$维生素 C 含量(mg/100g 样品) = \frac{(V_A - V_B) \times C \times T \times 100}{D \times W} \qquad (3-6)$$

式中 V_A——滴定样品所耗用的染料的体积，mL；

V_B——滴定空白对照所耗用的染料的体积，mL；

C——样品提取液的体积，mL；

D——滴定时所取的样品提取液体积，mL；

T——1mL 染料能氧化维生素 C 的质量，mg（由实验步骤 2 计算出）；

W——待测样品的质量，g。

五、注意事项

（1）某些水果、蔬菜（如橘子、番茄）浆状物泡沫太多，可加数滴丁醇或辛醇。

（2）整个操作过程要迅速，防止还原型抗坏血酸被氧化。滴定过程一般不超过 2min。滴定所用的染料不应小于 1mL 或多于 4mL，如果样品含维生素 C 太高或太低时，要酌情增减样液用量或改变提取液稀释度。

（3）本实验必须在酸性条件下进行。在此条件下，干扰物质反应进行得很慢。

（4）20g/L 草酸有抑制抗坏血酸氧化酶的作用，而 10g/L 草酸无此作用。

（5）干扰滴定因素

①若提取液中色素很多时，滴定不易看出颜色变化，可用白陶土脱色，或加 1mL 氯仿，到达终点时，氯仿层呈现淡红色。

②Fe^{2+} 可还原二氯酚靛酚。对含大量 Fe^{2+} 的样品可用 8% 乙酸溶液代替草酸溶液提取，此时 Fe^{2+} 不会很快与染料起作用。

③样品中可能有其他杂质还原二氯酚靛酚，但反应速度均较抗坏血酸慢，因而滴定开始时，染料要迅速加入，而后尽可能一滴一滴地加入，并要不断摇动锥形瓶直至溶液呈粉红色，于 15s 内不消退为终点。

（6）提取的浆状物如不易过滤，可留取上清液进行滴定。

附：维生素 C 标定法

为了准确知道标准维生素 C 含量，须经标定，方法如下：

（1）将标准维生素 C 溶液稀释为 0.02mg/mL。

（2）量取上述标准维生素 C 溶液 5mL 于锥形瓶中，加入 60g/L 碘化钾溶液 0.5mL，10g/L 淀粉液 3 滴，再以 0.001mol/L 碘酸钾标准液滴定，终点为蓝色。

$$抗坏血酸浓度（mg/mL）= \frac{V_1 \times 0.088}{V_2} \tag{3-7}$$

式中　V_1——滴定时所消耗 0.001mol/L 碘酸钾标准液的体积，mL；

　　　V_2——滴定时所取抗坏血酸的体积，mL；

　0.088——1mL 0.001mol/L 碘酸钾标准溶液相当于抗坏血酸的质量，mg。

🔍 思考题

1. 为了测得准确的维生素 C 含量，实验过程中都应注意哪些操作步骤？为什么？

2. 试简述维生素 C 的生理意义。

3. 维生素的理化性质最重要的是什么？为何用草酸提取维生素 C？

实验十一　高效液相色谱法测定果蔬中的维生素 C 含量

高效液相色谱法测定
果蔬中的维生素 C 含量

一、实验目的

1. 了解高效液相色谱仪的使用范围、原理和使用方法。
2. 掌握高效液相色谱的分析方法和方法学的考察。

二、实验原理

　　维生素 C 的测定方法有多种，包括容量法、比色法、荧光光度法、电位法和紫外分光光度法等，各种方法均有特长和不足。高效液相色谱是近年来发展起来、应用日渐广泛的一种快速、高效的分离技术。

　　高效液相色谱分离是利用试样中各组分在色谱柱中的流动相和固定相间的分配系数不同，当试样随着流动相进入色谱柱中后，组分就在其中的两相间进行反复多次（$10^3 \sim 10^6$）的分配（吸附-脱附-流出），由于固定相对各种组分的吸附能力不同（即保留作用不同），因此各组分在色谱柱中的流动速度就不同，经过一定的柱长后，便彼此分离，按顺序离开色谱柱进入检测器，产生的离子流信号经放大后，在记录器上描绘出各组分的色谱峰。

　　根据分离机制的不同，液相色谱可以分为液固吸附色谱、液液分配色谱、化合键合色谱、离子交换色谱以及分子排阻色谱等类型。选择特殊处理的反相色谱柱，可以对样品中的维生素 C 及其他干扰物进行分离，采用紫外检测器可进行定量分析。

三、仪器与试剂

　　（1）仪器　Agilent 1200 型高效液相色谱仪、超纯水仪、高速冷冻离心机。
　　（2）试剂　1g/L 三氟乙酸（TFA）、30g/L 偏磷酸、抗坏血酸、色谱甲醇。

四、实验步骤

　　1. 样品前处理
　　流动相：1g/L TFA 用 0.45 μm 的水膜过滤，色谱甲醇用 0.45μm 的有机膜过滤。
　　标准样品配制：准确称取维生素 C 标准样品 50mg，用 30g/L 偏磷酸定容至 50mL 容量瓶，摇匀，此溶液维生素 C 含量为 1mg/mL。
　　样品制备：称取样品 2g 左右倒入研钵内，加入少量 30g/L 偏磷酸充分研磨成糊状，全部转移至 25mL 容量瓶中，用 30g/L 偏磷酸定容。将定容好的容量瓶超声提取 10min，取上清液 10mL，4℃、10000r/min 离心 10min，用 0.45μm 水膜过滤后进样。
　　2. 色谱条件
　　色谱柱：Agilent ZORBAX SB-Aq，流动相：1g/L TFA：甲醇＝97：3；流速 1.0mL/min；检测波长 210nm；柱温 25℃；进样量 20μL。

3. 维生素 C 标准曲线的绘制

分别从 1mg/mL 标准维生素 C 样品中精确移取 0.2mL、0.4mL、0.8mL、1.2mL 和 2.0mL 至 10mL 容量瓶中，用 30g/L 偏磷酸溶液定容，得 0.02mg/mL、0.04mg/mL、0.08mg/mL、0.12mg/mL 和 0.20mg/mL 的溶液，每个样进样 6 次，进样量 20μL，测量峰高，并计算其平均值。以浓度为纵坐标，峰高为横坐标作图，建立样品浓度与峰高的回归方程和回归曲线，检测方法的线性范围和相关性。

4. 方法的精密度

在上述实验条件下，对同一样品分别称取 4 次进行定量分析，计算含量、变异系数以及标准偏差。

5. 方法的准确度

采用标准添加法，在已知含量的样品中滴加一定量标准溶液，在上述条件下进行测定，检测方法对维生素 C 的回收率。

五、计算

1. 含量

以浓度为纵坐标，峰高为横坐标作图，建立回归方程，计算样品中的维生素 C 含量。

2. 标准偏差

标准偏差也称标准差（standard deviation），或均方差。标准差是方差的算术平方根。

$$S = \sqrt{\frac{\sum\limits_{i=1}^{n}(s_i - \bar{s})^2}{n}}$$

3. 变异系数（CV）或相对标准差（RSD）

标准差与平均数的比值称为变异系数或相对标准差，一般对高效液相色谱主成分的定量分析，要求方法的相对标准差为 1%~2%。

4. 回收率

$$K = (A - B)/C \times 100\% \tag{3-8}$$

式中　A——加入标准物质后的样品测得量；

　　　B——样品中该物质的测得量；

　　　C——加入的标准物质量。

六、注意事项

1. 危险化学品危险性类别及使用注意事项

（1）三氟乙酸　皮肤腐蚀/刺激、严重眼损伤/眼刺激、危害水生环境。使用时在通风橱中操作。

（2）偏磷酸　强腐蚀性，对呼吸道有刺激性。本实验使用浓度低，注意操作规范。

各类化学品接触到皮肤，马上用水冲洗，用肥皂或洗手液洗涤并冲洗干净。

2. 实验过程操作注意事项

（1）高速冷冻离心机使用时务必严格按操作规程操作，离心管必须盖上盖子，外壁需擦拭干净，标签纸不得贴于外壁，对称放置的 2 支离心管需质量相同（含盖和内容物）。实验结束后实验指导老师在使用登记本上登记。

（2）液相色谱仪使用时务必严格按操作规程操作。实验结束后实验指导老师在使用登记本上登记。

🔍 **思考题**

1. 高效液相色谱法测定维生素 C 含量应注意哪些操作步骤？为什么？
2. 为何用偏磷酸提取维生素 C？
3. 简述高效液相色谱仪的日常维护及其必要性。

实验十二　气相色谱法测定大豆油中脂肪酸成分

一、实验目的

气相色谱法测定大豆油中脂肪酸成分

油脂是食品加工中重要的原料和辅料，也是食品的重要组分和营养成分。必需脂肪酸是维持人体生理活动的必要条件，人体所必需的脂肪酸一般取自食品用油，即食用油脂。气相色谱法是现在测定油脂脂肪酸组分最常用的方法，也是一些相关标准（如 GB 5009.168—2016《食品安全国家标准　食品中脂肪酸的测定》）规定应用的检测方法。甲酯化是分析动植物油脂脂肪酸成分的常用的前处理方法，也是常用的标准方法。

本实验要求了解气相色谱法测定食用油脂肪酸组成的原理，掌握样品的前处理方法，学习食用油脂中脂肪酸组分的色谱分析技术。

二、实验原理

本实验甲酯化方法采用国家标准 GB 5009.168—2016《食品安全国家标准　食品中脂肪酸的测定》的方法加以修改，甘油酯皂化后，释放出的脂肪酸再进行甲酯化，萃取得到脂肪酸甲酯用于气相色谱分析。

样品中的脂肪酸（甘油酯）经过适当的前处理（皂化、甲酯化）后，进样，样品在汽化室被汽化，在一定的温度下，汽化的样品随载气通过色谱柱，由于样品中组分与固定相间相互作用的强弱不同而被逐一分离，分离后的组分，到达检测器（detector）时经检测口的相应处理（如 FID 的火焰离子化），产生可检测的信号。根据色谱峰的保留时间定性，面积归一法确定不同脂肪酸的百分含量。

三、器具和试剂

1. 器具

气相色谱仪：日本岛津 GC-2010 Plus AF 主机，配氢火焰离子化检测器（FID）；移液管；胶头滴管；样品瓶；容量瓶。

2. 试剂

棕榈酸甲酯、油酸甲酯、亚油酸甲酯和亚麻酸甲酯为分析标准品，石油醚（沸程 30～60℃）、苯、氢氧化钾、甲醇、无水硫酸钠和乙酸乙酯均为分析纯。

四、实验步骤

1. 样品预处理

取 8 滴市售大豆油于小烧杯中，称重，记下所称取大豆油的质量，加入 5.0mL 沸程 30～60℃石油醚和苯的混合溶剂（1∶1），轻轻摇动使油脂溶解，加入 5.0mL 0.4mol/L 氢氧化钾–甲醇溶液，混匀，在室温静置 10min 后，加入蒸馏水 20mL，混匀后倒入 50mL 离心管，于 10000r/min 离心 10min，取上层清液（有机层）0.4mL 用乙酸乙酯稀释至 10mL 容量瓶中。然后取约 3mL 稀释液于洗净干燥的具塞试管中，加适量无水硫酸钠去除溶液中痕量水，除水后取约 1mL 置于样品瓶中进行气相分析。根据保留时间定性，外标法定量。

2. 气相色谱分析

（1）气相色谱条件

①色谱柱：岛津 Rtx–1 毛细管柱，0.25mm（内径）×30m（长度），内膜厚度 0.25μm。

②程序升温分析：180℃ 保持 22min，然后以 30℃/min 升温至 240℃，保持 5min；进样口温度 250℃；检测器温度 260℃。

③气体流速：恒线速度控制，氮气：35cm/sec，氢气：40mL/min，空气：400mL/min，分流比 100∶1。

（2）色谱分析　自动进样，吸取 1μL 样液注入气相色谱仪，记录色谱峰的保留时间和峰面积。利用标准品图谱确定每个色谱峰的性质（定性），利用软件自带的自动积分方法对峰面积进行积分。

3. 棕榈酸甲酯、油酸甲酯标准曲线的绘制

分别配制 0.6mmol/L、0.8mmol/L、1.0mmol/L、1.2mmol/L、1.4mmol/L 的棕榈酸甲酯溶液以及 1.6mmol/L、1.8mmol/L、2.0mmol/L、2.2mmol/L 和 2.4mmol/L 的油酸甲酯溶液，按上述色谱条件，每个样进样 6 次，每次 1μL，测量峰面积，并计算其平均值。以浓度为纵坐标，峰面积为横坐标作图，建立样品浓度与峰面积的回归方程和回归曲线，检测方法的线性范围和相关性。

五、分析、计算

根据实验得到的色谱图分析大豆油中脂肪酸的组成；根据脂肪酸甲酯标准品的标准曲线，计算每克大豆油中各脂肪酸组分的含量。

六、注意事项

1. 危险化学品危险性类别及使用注意事项

（1）苯　易燃液体、吸入危害、皮肤腐蚀/刺激、严重眼损伤/眼刺激、生殖细胞致突变性、致癌性、特异性靶器官毒性–反复接触、特异性靶器官毒性–反复接触、危害水生环境。使用时在通风橱中操作，远离明火，取用后立即盖紧瓶塞，防止倾洒。

（2）石油醚　易燃液体、吸入危害、生殖细胞致突变性、危害水生环境。使用时在通风

橱中操作，远离明火，取用后立即盖紧瓶塞，防止倾洒。

（3）氢氧化钾　皮肤腐蚀/刺激、严重眼损伤/眼刺激。注意不要接触到皮肤。

（4）甲醇　易燃液体、经口、经皮、吸入毒性、特异性靶器官毒性－一次接触。使用时远离明火，取用后立即盖紧瓶塞，防止倾洒。

（5）乙酸乙酯　易燃液体、严重眼损伤/眼刺激、特异性靶器官毒性－一次接触。使用时远离明火，取用后立即盖紧瓶塞，防止倾洒。

各类化学品接触到皮肤，马上用水冲洗，用肥皂或洗手液洗涤并冲洗干净。

2. 实验过程操作注意事项

（1）高速冷冻离心机使用时务必严格按操作规程操作，离心管必须盖上盖子，外壁需擦拭干净，标签纸不得贴于外壁，对称放置的 2 支离心管需质量相同（含盖和内容物）。实验结束后实验指导老师在使用登记本上登记。

（2）气相色谱仪使用时务必严格按操作规程操作。实验结束后实验指导老师在使用登记本上登记。

🔍 思考题

1. 油脂样品为什么要预处理后再进行气相色谱分析？
2. 简述气相色谱分析的原理。

二、综合性实验

实验十三　蔗糖酶的提取及初提纯

蔗糖酶的提取
及初提纯

一、实验目的

　　了解酶的提取和初步纯化方法，掌握高速冷冻离心机的操作技术，并为后续实验提供样品。

二、实验原理

　　酵母中含有蔗糖酶，而蔗糖酶属于胞内酶，所以常将细胞壁破碎后进行提取，本法采用菌体自溶的方法来破碎细胞壁后经菌体分离提取蔗糖酶液，再经热提取、乙醇沉淀提取，使蔗糖酶得到初步的提纯。

三、材料、试剂与器具

1. 试剂

（1）啤酒酵母。

（2）乙酸钠（分析纯）。

（3）甲苯（分析纯）。

（4）4mol/L 乙酸。

（5）95% 乙醇（<-20℃）。

（6）0.5mol/L Tris-HCl pH 7.3 缓冲液 称取 121.1g Tris，溶于 1500mL 的蒸馏水中，用 4mol/L HCl 调节 pH 至 7.3（HCl 量约为 230mL），用蒸馏水稀释到 2L，即为 0.5mol/L Tris-HCl pH 7.3 缓冲液。

（7）0.05mol/L Tris-HCl pH 7.3 缓冲液 将 0.5mol/L Tris-HCl pH 7.3 缓冲液稀释 10 倍即得。

注：整个实验尽量避免高温，以防酶失活。

2. 材料与器具

（1）锥形瓶 250mL 1 个，50mL 1 个。

（2）量筒 10mL 1 个，25mL 1 个。

（3）烧杯 100mL 1 个，1000mL 1 个。

（4）具塞试管 10mL 3 个。

（5）橡皮球，玻璃棒，滴管，pH 试纸。

（6）培养箱。

（7）恒温水浴槽。

（8）磁力搅拌器或梯度混合器，搅拌子。

（9）高速冷冻离心机。

四、实验步骤

1. 酵母的自溶

在 250mL 锥形瓶中加入鲜酵母 20g，乙酸钠 1.6g，搅拌 15~20min，使团块的鲜酵母液化，加 1.5mL 甲苯用适当的软木塞将瓶口塞住，摇动 10min 使甲苯和酵母液充分混匀，放入 37℃ 培养箱中保温 60h，使酵母自溶。

2. 初提液 A

在培养箱中取出装有已自溶酵母的锥形瓶，加 10mL 蒸馏水，摇匀，倒入塑料离心管中，平衡后用高速冷冻离心机 4℃，15000r/min 离心 10min。经离心后，离心管中的悬浮液分三层，上层为浆状的固体，下层为固体，中间一层为液体，仔细地取出中间层的液体，重新倒入离心管中，4℃，15000r/min 离心 10min。仔细倒出上层清液，用量筒测出体积，记为 V_A，所提取的液体为初提液 A。取出 3mL 保存，用于后续实验。

3. 热提取液 B

预先将水浴加热到 50℃，将初提液 A 倒入 50mL 的锥形瓶中，加 4mol/L 的乙酸 3.2mL 左右，使溶液的 pH 约为 4.5，摇匀，50℃ 恒温水浴中保温 30min（注意温度绝对不能超过 50℃），在保温过程中不断地摇动锥形瓶，取出后迅速在冰浴中冷却，冷却液于 4℃，15000r/min 下离心 10min，仔细地倒出上层清液，测量体积，记为 V_B，此提取液为热提取液 B。取出 3mL 保存，用于后续实验。

4. 乙醇沉淀提取液 C

将热提取液 B 倒入 100mL 的烧杯中，把烧杯放入冰浴中（冰浴装置见图 3-5），轻轻搅

图 3-5 冰浴装置

拌并慢慢加入 95% 乙醇溶液（−20℃），体积与热提取液 B 相同。整个过程不少于 35min，再继续搅拌 10min，将烧杯内的液体全部移入离心管中，白色固体保留待用，4℃，15000r/min 离心 10min。仔细地倒掉上层清液，用 5mL 0.05mol/L Tris−HCl pH 7.3 缓冲液把烧杯中的白色黏状固体溶解，倒入离心管搅拌，使离心管内的白色固体溶解，4℃，15000r/min 离心 10min，上层清液为乙醇沉淀提取液 C，测量其体积为 V_C，全部保存，用于后续实验。

五、计算

考虑到在提取过程中 A、B 样品的保存对总体积的影响，各种提取液的总体积按以下计算：

$$V_{A总} = V_A$$

$$V_{B总} = V_B \cdot [V_A/(V_A-3)]$$

$$V_{C总} = V_C \cdot [V_A/(V_A-3)] \cdot [V_B/(V_B-3)] = V_C \cdot [V_{B总}/(V_B-3)]$$

六、注意事项

1. 危险化学品危险性类别及使用注意事项

（1）甲苯　易燃液体、吸入危害、皮肤腐蚀/刺激、生殖毒性、特异性靶器官毒性——一次接触、特异性靶器官毒性−反复接触、危害水生环境。使用时在通风橱中操作，远离明火，取用后立即盖紧瓶塞，防止倾洒。易制毒试剂，使用时填写使用记录。

（2）乙醇　易燃液体。使用时远离明火，取用后立即盖紧瓶塞，防止倾洒。

各类化学品接触到皮肤，马上用水冲洗，用肥皂或洗手液洗涤并冲洗干净。

2. 实验过程操作注意事项

高速冷冻离心机使用时务必严格按操作规程操作，离心管必须盖上盖子，外壁需擦拭干净，标签纸不得贴于外壁，对称放置的 2 支离心管需质量相同（含盖和内容物）。实验结束后实验指导老师在使用登记本上登记。

🔍 思考题

简述三个提取过程的原理、特点及实验注意事项。

实验十四　蔗糖酶的纯化—离子交换层析法

一、实验目的

掌握离子交换层析的原理及柱层析的操作技术，掌握紫外吸收的分析方法。

离子交换层析法

二、实验原理

离子交换层析是纯化蛋白质、分离带电荷大分子的一种最常用的方法。所谓离子交换作用一般是指在固相和液相之间发生的可逆的离子交换反应，它可用来分离各种可解离的物质，通常离子交换剂是在一种高分子的不溶性母体上引入若干活性基团，这样人工合成的离子交换剂具有各种各样的性能。作为不溶性母体的高分子有树脂、纤维素、葡聚糖、琼脂糖或无机聚合物等，引入的活性基团可以是酸性基团，如强酸型的有磺酸基（—SO_3H），中强酸型的有磷酸基（-PO_3H_2），亚磷酸基（-PO_2H_2），弱酸型的有羧基（—COOH）或酚羟基（-OH）等；也可以是碱性基团，如强碱型的季铵（—N^+R_3），弱碱型的有叔胺（—N^+HR_2）、仲胺（—N^+H_2R）、伯胺（—N^+H_3）等。

在一定条件下，被分离物质在离子交换剂上吸附的量与在溶液中的量达到平衡，两者数量之比叫分配系数（或平衡常数），用 K_d 表示：

$$K_d = M_s/M_i$$

式中 M_s 和 M_i 分别代表单位质量离子交换树脂和单位体积洗脱液中被分离物质的克分子数。待分离的几种物质的 K_d 值有足够大的差异，它们可在离子交换柱上完全分开，流出柱的顺序与分配系数有关，先流出的 K_d 值小，后流出的 K_d 值大，而 K_d 与被分离物质的带电量、离子交换剂的性质（极性、带电性质等）、冲洗液的 pH、离子强度有关。因此，在建立一套离子交换体系时，可在以下三方面做工作：

（1）离子交换剂类型的选择；

（2）冲洗液的 pH 选择；

（3）冲洗液的离子强度的选择。

本法用的离子交换凝胶是以琼脂糖作为不溶性母体引入季铵型基团，为强阴离子交换剂。离子交换凝胶交换介质载量高，分辨率高，能承受较高的流速，化学稳定性好。在 pH 7 左右时，离子交换凝胶带正电，而一般蛋白质在此酸度范围带负电，二者可结合，当降低 pH 或提高离子强度均可使之洗脱下来，当被吸附的蛋白质的 K_d 值有差异时，达到分离的目的。

三、试剂与器材

1. 试剂

（1）0.05mol/L Tris-HCl pH 7.3 缓冲液。

（2）含有 1mol/L NaCl 的 0.05mol/L Tris-HCl pH 7.3 缓冲液。

（3）0.5mol/L NaOH。

（4）离子交换凝胶　长期保存须置于 20%乙醇中，4℃保存。

2. 器材

层析柱，梯度混合器及搅拌子，紫外分光光度计，点滴板，葡萄糖试纸，擦镜纸，止水夹，烧杯，试管。

四、实验步骤

1. 离子交换柱的填充

取一支内径 1cm、高 30cm 的层析柱垂直固定，下端的橡皮管用夹子夹紧，先在柱子内加入 5mL 蒸馏水。将已经处理好的离子交换凝胶调成悬浮状，一次完全加入层析柱内，使离子交换凝胶缓慢均匀地下沉至柱的下部，沉降后的凝胶高约为 5cm，用小玻璃棒轻轻搅动凝胶的最上端使之有一个平的表面（注意在整个柱操作过程中防止液面低于凝胶的上表面，当液面低于凝胶上表面时空气将进入凝胶内，在凝胶内形成气泡，影响分离效果）。放松柱下端的夹子，使流动相流动，至与凝胶上表面相距 3~5cm 处，夹紧夹子，防止流动相继续流出，此时已完成交换柱的填充任务（图 3-6）。

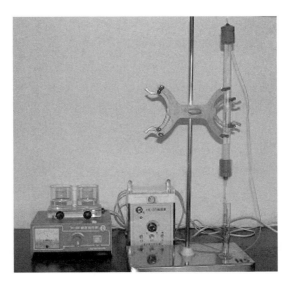

图 3-6　离子交换柱安装与过柱

2. 柱的平衡

将柱子与恒流泵上的管线相连，管线的另一端浸在 Tris-HCl 缓冲液（0.05mol/L，pH 7.3）中，打开恒流泵，放松柱下端的夹子，用大于 5 个柱体积（CV）的 Tris-HCl 缓冲液（0.05mol/L，pH 7.3）进行冲洗平衡，平衡过程中始终控制液面高于凝胶最上端 3~5cm。

3. 加样

将缓冲液放至刚好与凝胶上表面相切，夹紧柱下端的夹子，取 0.5mL 乙醇提取液 C 缓慢地加到交换柱上（加样不可太快，以免搅混凝胶的表面），放松柱下端的夹子，使样品刚好全部进入凝胶内（液面与交换剂上表面相切），夹紧夹子，再加 3mL Tris-HCl 缓冲液（0.05mol/L，pH 7.3）。加样以后的流出液体都要进行收集，每管收集 3mL。

4. 穿透峰的洗脱

将柱子与恒流泵上的管线相连，管线的另一端浸在 Tris-HCl 缓冲液（0.05mol/L，pH 7.3）中，打开恒流泵，放松柱下端的夹子，用恒流泵控制流速为 3mL/min，每管收集 3mL，用 25mL Tris-HCl 缓冲液（0.05mol/L，pH 7.3）洗穿透峰。

5. 缓冲液盐度梯度发生器的安装及梯度洗脱

梯度发生器装置见图 3-6，梯度发生器由一只电磁搅拌器和两个杯子组成，两个杯子之间通过活塞相连。在与柱相连接的杯中加入 25mL Tris-HCl 缓冲液（0.05mol/L，pH 7.3），在另一只杯中加入 25mL 含 1mol/L NaCl 的上述缓冲液。打开活塞，使两杯相通，除尽连接管中的气泡。在低离子强度溶液的杯中放入一颗搅拌子。开启电磁搅拌器，使搅拌子在杯中转动，打开梯度混合器的活塞，开启恒流泵，进行线性梯度洗脱，直到梯度发生器内的缓冲液全部用完为止。

6. 离子交换剂的再生及回收

利用恒流泵，用 25mL 含 1mol/L NaCl 的 Tris-HCl 缓冲液（0.05mol/L，pH 7.3）进行洗脱再生，不用收集，洗脱后的凝胶倒入小烧杯全部回收。最后一个实验的班级用 0.5mol/L NaOH 洗 3 柱体积（CV）再生，再用水洗 5 柱体积（CV），回收全部凝胶。

7. 测吸光度

在紫外分光光度计上测出每管在 280nm 处的紫外吸光度 A_{280nm}，画出管数与 A_{280nm} 的关系曲线。

8. 酶活力测试

用葡萄糖试纸测试每管内蔗糖酶的活力大小，取活力最高的 2~3 管为柱分离液 D。

酶活力测试方法：在点滴板中滴 2 滴 50g/L 蔗糖，再加 2 滴待测洗脱液，用玻璃棒搅匀，放置 5min，浸入葡萄糖试纸，60s 后取出，比较颜色深浅，用"+"的数目表示酶活力的大小。

五、计算

$$V_{D总} = V_D \cdot V_{C总} / V_{样} \tag{3-9}$$

式中 $V_{D总}$——将实验十三中的 $V_{C总}$ 所有样品全部进行纯化后得到的体积；

$V_{C总}$——实验十三中乙醇沉淀提取液 C 经过计算后的体积；

$V_{样}$——C 样品上柱的体积。

六、注意事项

1. 危险化学品危险性类别及使用注意事项

氢氧化钠 皮肤腐蚀/刺激、严重眼损伤/眼刺激。使用时注意不要接触皮肤。

各类化学品接触到皮肤，马上用水冲洗，用肥皂或洗手液洗涤并冲洗干净。

2. 实验废弃物处理

（1）洗脱液为中性无毒水溶液，直接倒入水池。

（2）玻璃碎片置于玻璃废弃物收集桶中。

实验十五　蔗糖酶活力的测定

蔗糖酶活力的测定

一、实验目的

掌握酶活力测定的方法，了解各个酶的纯化情况。

二、实验原理

酶的活力大小通常是以该酶在最适 pH、温度等条件下催化底物水解，经一定时间后，以反应物中底物的减少或产物形成的量来表示的，蔗糖酶能水解蔗糖成果糖和葡萄糖两种还原糖，可以用测还原糖（葡萄糖和果糖）的量来计算酶的活力。还原糖的测定方法有斐林试剂热滴定法、3,5-二硝基水杨酸法、Nelson's 试剂法。本法采用 3,5-二硝基水杨酸（DNS）法测定还原糖的量。其原理为，在过量的碱性溶液中，DNS 与还原糖溶液共热后被还原成棕红色的氨基化合物，该化合物在 540nm 波长处有最大吸收，在一定的浓度范围内，还原糖的量与吸光度值呈线性关系，利用比色法可测定样品中还原糖的量。

三、试剂与器材

1. 试剂

（1）3,5-二硝基水杨酸

甲液：溶解 6.9g 结晶酚于 15.0mL 100g/L 氢氧化钠溶液中并用水稀释至 69mL，在此溶液中加 6.9g 亚硫酸氢钠。

乙液：称取 255g 酒石酸钾钠加到 330mL 100g/L 氢氧化钠溶液中，再加入 880mL 10g/L 3,5-二硝基水杨酸溶液。

将甲、乙二溶液混合即得黄色试剂，贮于棕色瓶中，在室温放置 7~10d 后使用。

（2）葡萄糖标准溶液（0.2mg/mL）　准确称取 20mg 分析纯葡萄塘（预先在 105℃ 干燥至恒重），用少量蒸馏水溶解后，定量移入 100mL 的容量瓶中，定容。

（3）0.2mol/L pH 4.6 乙酸缓冲液　溶解 10.83g 乙酸钠于水中，加近 260mL 的 1mol/L 乙酸调 pH 到 4.6，稀释到 2L。

（4）50g/L 蔗糖　用 0.2mol/L pH 4.6 乙酸缓冲液配制。

（5）2mol/L NaOH　溶解 0.80g NaOH 于 10 mL 水中。

2. 器材

电炉，恒温水浴槽，分光光度计，试管，吸管。

四、实验步骤

（一）葡萄糖标准曲线的制作

取 6 支试管，分别按表 3-10 加入各种试剂。将各试管内液体混合均匀，在沸水浴中加热 5min。取出后立即用冷水冷却到室温，于 540nm 波长处测吸光度（以 0 号作为对照），以葡萄糖的质量为横坐标，A_{540nm} 为纵坐标，绘制标准曲线。

表 3-10　　　　　　　　　　　　　　葡萄糖标准曲线的制作

试剂	试管编号					
	0	1	2	3	4	5
葡萄糖/mL	0	0.8	1.0	1.2	1.4	1.6
蒸馏水/mL	3.0	2.2	2.0	1.8	1.6	1.4
3,5-二硝基水杨酸/mL	1.5	1.5	1.5	1.5	1.5	1.5
总体积/mL	4.5	4.5	4.5	4.5	4.5	4.5

（二）酶活力的测定

（1）将实验十三和实验十四所得四部分提取液用冷蒸馏水按比例稀释　初提液 A（1∶200）；热提取液 B（1∶200）；乙醇沉淀提取液 C（1∶200）；柱分离液 D（1∶20）。

（2）取 8 支试管，按表 3-11 加入各种试剂。

表 3-11　　　　　　　　　　　　　　酶的催化反应

	初提液 A（1:200）		热提取液 B（1:200）		乙醇沉淀提取液 C（1:200）		柱分离液 D（1:20）	
	$A_{对}$	$A_{样}$	$B_{对}$	$B_{样}$	$C_{对}$	$C_{样}$	$D_{对}$	$D_{样}$
酶液/mL	2.00	2.00	2.00	2.00	2.00	2.00	2.00	2.00
2mol/L NaOH/mL	0.50	—	0.50	—	0.50	—	0.50	—
	50g/L 蔗糖试剂瓶，8 支试管（放在试管架）35℃预热 10min							
50g/L 蔗糖(35℃)/mL	2.00	2.00	2.00	2.00	2.00	2.00	2.00	2.00
	加入蔗糖，立即摇匀开始计时，35℃准确反应 3min							
2mol/L NaOH/mL	—	0.50	—	0.50	—	0.50	—	0.50
总体积/mL	4.50	4.50	4.50	4.50	4.50	4.50	4.50	4.50

（3）从每管中取出 0.5mL 反应液（$V_{测}$）进行还原糖的测定，方法和实验步骤（一）相同，如果测得的 A_{540nm} 不在标准曲线范围内，则可增加或减少取样量，直到 A_{540nm} 在标准曲线范围内为止。计算 4.5mL 溶液中所含的还原糖的量（以葡萄糖计），用表格记录下来。

（4）计算出酶的活力单位数　蔗糖酶的活力单位定义为在一定条件下（pH 4.6，温度 35℃）在 3min 内能水解蔗糖成还原糖 1mg 所需的酶量，称为 1 个活力单位。

$$总活力单位数 = m/V_{测} \times 4.5/2 \times V_{总} \times n \tag{3-10}$$

式中 m——$V_{测}$体积测出的葡萄糖质量，mg；

　　　　n——酶液稀释倍数；

　　$V_{总}$——各种提取液在提取过程中得到的总体积。

$$酶的回收率 = （各提取液的总酶活力 / 初提液 A 的总酶活力）× 100\%$$

计算结果记录在表 3-12 中。

表 3-12　　　　　　　　　　　　蔗糖酶活力测定结果

	初提液 A	热提取液 B	乙醇提取液 C	柱分离液 D
总酶活力单位数/U				
回收率/%	100			

五、注意事项

1. 危险化学品危险性类别及使用注意事项

氢氧化钠：皮肤腐蚀/刺激、严重眼损伤/眼刺激。使用时注意不要接触皮肤。

各类化学品接触到皮肤，马上用水冲洗，用肥皂或洗手液洗涤并冲洗干净。

2. 实验过程操作注意事项

沸水浴时注意不要烫伤。

🔍 思考题

1. 简述酶活力测定的注意事项。

2. 当比色时吸光度超过线性范围时，为什么不能直接稀释已经显色的样品，而必须改变取样量重新显色，再测吸光度？

实验十六　蔗糖酶蛋白质含量测定及比活力计算

蔗糖酶蛋白质
含量测定
及比活力计算

一、实验目的

1. 学习福林-酚法测定蛋白质含量的原理及方法。

2. 制备标准曲线，测定未知样品中蛋白质含量。

二、实验原理

本法中所用的福林-酚试剂中的主要成分磷钼酸、磷钨酸（均为黄色，俗称磷钼黄：$H_3PO_4 \cdot 12MoO_3 \cdot 2H_2O = H_7Mo_{12}O_{42}P$；磷钨黄：$H_3PO_4 \cdot 12WO_3 \cdot 2H_2O = H_7W_{12}O_{42}P$），可被蛋白质分子中的酪氨酸（Tyr）和色氨酸（Trp）还原生成蓝色化合物磷钼蓝（$H_3PO_4 \cdot 10MoO_3 \cdot 2H_2O \cdot 2MoO_2$）和磷钨蓝（$H_3PO_4 \cdot 10WO_3 \cdot 2H_2O \cdot 2WO_3$）。蛋白质浓度增高，产物颜色

加深，这一蓝色溶液在 750nm 和 660nm 有较强的光吸收能力。故可用比色法测定已知浓度的标准蛋白质溶液的吸光度，然后据此测出未知样品的蛋白质浓度。

此法是在福林-酚法的基础上引入双缩脲试剂，因此，凡干扰双缩脲反应的基团，如 —CO—NH$_2$，—CH$_2$—NH$_2$，—CS—NH$_2$，以及在性质上是氨基酸或肽的缓冲剂，如 Tris 缓冲剂以及蔗糖、硫酸铵、巯基化物均可干扰福林-酚反应。此外，所测的蛋白质样品中，若含有酚类及柠檬酸，均对此反应有干扰作用。而浓度较低的尿素（约 5g/L）、胍（5g/L 左右）、硫酸钠（10g/L）、硝酸钠（10g/L）、三氯乙酸（5g/L）、乙醇（50g/L）、乙醚（50g/L）、丙酮（5g/L）对显色无影响，这些物质在所测样品中含量较高时，则需做校正曲线。若所测的样品中含硫酸铵，则需增加碳酸钠-氢氧化钠浓度即可显色测定。若样品酸度较高，也需提高碳酸钠-氢氧化钠的浓度 1~2 倍，这样即可纠正显色后色浅的弊病。

本法极为灵敏，样品中蛋白质含量少至 5mg 即可迅速方便地测知；缺点是蛋白质浓度和吸光度线性关系不够严格。而且不同的蛋白质因 Tyr 和 Trp 含量不同，显色程度也有差异。然而，该方法对蛋白质含量的一系列变化，如蛋白质提纯过程的分析颇为有用。

三、试剂和仪器

1. 试剂

（1）试剂 A（碱性铜试剂）　取 Na$_2$CO$_3$ 10g 和 NaOH 2g，加蒸馏水 30mL，微热溶解；另取酒石酸钠（Na$_2$C$_2$H$_3$O$_3$·2H$_2$O，分析纯）0.1g 和 CuSO$_4$·5H$_2$O（分析纯）0.05g，再加蒸馏水 30mL 微热溶解，冷却后将上述两溶液混合，再用蒸馏水稀释至 100mL，即为试剂 A。该试剂为含 100g/L Na$_2$CO$_3$，1g/L 酒石酸钠和 0.5g/L 硫酸铜的 0.5mol/L NaOH 溶液。保存在塑料试剂瓶中，24℃至少可使用一个月。

（2）试剂 B（酚试剂）　在 2L 磨口回流瓶中，加入 100g 钨酸钠（Na$_2$WO$_4$·2H$_2$O），25g 钼酸钠（Na$_2$MoO$_4$·2H$_2$O）及 700mL 蒸馏水，再加 50mL 85%磷酸，100mL 浓盐酸，充分混合，接上回流管，以小火回流 10h，回流结束时，加入 150g 硫酸锂（Li$_2$SO$_4$），50mL 蒸馏水及数滴液体溴，开口继续沸腾 15min，以便驱除过量的溴。冷却后溶液呈黄色（如仍呈绿色，须再重复滴加液体溴的步骤）。稀释至 1L，过滤，滤液置于棕色试剂瓶中保存。使用时用标准 NaOH 滴定，酚酞作指示剂，然后适当稀释，约加水 1 倍，使最终的酸浓度为 1mol/L 左右。

（3）标准浓度牛血清蛋白溶液（200μg/mL）　可用结晶牛血清清蛋白或酪蛋白，必要时预先经微量凯氏定氮法测定蛋白质含量，根据其纯度精确称重配成。牛血清清蛋白溶于水若混浊，可改用 9g/L NaCl 溶液。

2. 仪器

（1）分光光度计（使用光径为 10mm 的比色皿）。

（2）恒温水浴槽（55℃）。

四、实验步骤

1. 标准曲线的绘制

将试管从 0~5 号编号，按表 3-13 分别加入各试剂。试剂 A 加毕，立即混匀，静置 10min，再向各管加试剂 B 后放置 10min，再加第二次，每加一次均应立即迅速充分混合（加一管摇一管）。全部加完后，放置 55℃恒温器内保温 5min 或室温放置 30min。

取出试管置冷水中冷却 1min。以空白 0 号为对照，660nm 处测定各管吸光度，以牛血清蛋白质量为横坐标，A_{660nm} 值为纵坐标，用适当比例在标准坐标纸上绘制标准曲线图。

2. 未知蛋白质浓度的测定

将前面所得的四部分提取液按比例稀释。初提液 A（1:100），热提取液 B（1:100），乙醇提取液 C（1:20），柱分离液 D 不稀释，从中各取适量体积的样液 $V_{测}$（0.5～2mL，根据所测吸光度大小增加或减少取样量）进行蛋白质含量测定（方法同步骤 1 标准曲线的绘制）。

根据未知浓度蛋白溶液的 A_{660nm} 值，从标准曲线上查知对应蛋白质质量，计算出总蛋白量和比活力。

注意：福林-酚 B 试剂在酸性条件下稳定，而福林-酚 A 试剂是在碱性条件下与蛋白质作用生成碱性的铜-蛋白质溶液。当福林-酚 B 试剂加入后，应迅速摇匀（加一管摇一管），使还原反应产生在磷钼酸-磷钨酸试剂被破坏之前。

表 3-13　　　　　　　　　　　　　标准曲线配制加样表

试剂	试管编号					
	0	1	2	3	4	5
标准牛血清蛋白液/mL	0	0.2	0.4	0.6	0.8	1.0
H_2O/mL	4.5	4.3	4.1	3.9	3.7	3.5
试剂 A/mL	1.0	1.0	1.0	1.0	1.0	1.0
试剂 B/mL						
第一次	0.3	0.3	0.3	0.3	0.3	0.3
第二次	0.2	0.2	0.2	0.2	0.2	0.2
总体积/mL	6.0	6.0	6.0	6.0	6.0	6.0
A_{660nm}						

五、计算

$$总蛋白（mg）= (m/V_{测}) \times n \times V_{总} \qquad (3-11)$$

式中　m——$V_{测}$ 体积测出的蛋白质质量，mg；

　　　n——酶液稀释倍数；

　　　$V_{总}$——各种提取液在提取过程中得到的总体积。

六、注意事项

实验废弃物处理：

（1）蛋白质含量测定后的反应液为低浓度无毒废液，加水稀释后倒入水槽。

（2）玻璃碎片置于玻璃废弃物收集桶中。

🔍 思考题

1. 福林-酚法测定蛋白质含量的优缺点分别是什么？

2. 为什么试剂 B 加好后特别强调要立即充分混合？

实验十七　SDS-聚丙烯酰胺凝胶电泳测定蛋白质的相对分子质量

SDS-聚丙烯酰胺凝胶电泳测定蛋白质的相对分子质量

一、实验目的

掌握 SDS-聚丙烯酰胺凝胶电泳法测定蛋白质相对分子质量的技术。

二、实验原理

测定蛋白质的相对分子质量是研究蛋白质的重要内容之一。目前用于测定蛋白质相对分子质量的方法有 SDS-聚丙烯凝胶电泳法、聚丙烯酰胺梯度凝胶电泳法、凝胶层析法和超速离心法等多种。SDS-聚丙烯酰胺凝胶电泳法简便、快速，只需要微克量的蛋白质样品，所得结果，在相对分子质量为 15000～200000 内与用其他方法测定的相对分子质量相比，误差一般在 ±10% 以内。因此，近年来，SDS-聚丙烯酰胺凝胶电泳测定相对分子质量的方法，已得到非常广泛的应用和迅速的发展。

聚丙烯酰胺凝胶电泳是以聚丙烯酰胺凝胶作为支持介质的一种常用电泳技术，用于分离蛋白质和寡核苷酸。聚丙烯酰胺凝胶是由丙烯酰胺单体（acrylamide，Acr）和少量的交联剂甲叉双丙烯酰胺（N，N'-methylene-bisacrylamide，简写 Bis）在催化剂的作用下聚合交联而成的三维网状结构的凝胶。改变单体浓度或单体与交联剂的比例，可以得到不同孔径的凝胶，在电泳的情况下，对样品进行电泳分离。

不连续的凝胶电泳是聚丙烯酰胺凝胶电泳常用的方式，除去一般电泳的电荷效应外，不连续凝胶电泳还有两种物理效应。

（1）凝胶对样品分子的筛选效应　颗粒小，形状为圆球形的样品分子，移动较快；颗粒大，形状不规则的分子通过凝胶孔洞受到的阻力较大，移动较慢（这种作用与柱层析法中分子筛层析的作用不同）。

（2）不连续系统对样品的浓缩效应　高度的浓缩效应，大大提高电泳分离的分辨率，特别适用于稀浓度样品的分离。

关于不连续系统的浓缩效应，可由两方面进行分析（以碱性 pH 缓冲体系为例）（图 3-7）：

第一，两层凝胶孔径不同。图 3-7 中浓缩胶是大孔径凝胶，分离胶为小孔径凝胶，浓缩胶具有堆积作用，凝胶浓度较小，孔径较大，把较稀的样品加在浓缩胶上，经过大孔径凝胶的迁

图 3-7　不连续电泳两层凝胶

移作用而被浓缩至一个狭窄的区带。

第二，缓冲液与凝胶的离子成分和 pH 不同。样品液和浓缩胶选 Tris-HCl 缓冲液（pH 6.8），电极液选 Tris-甘氨酸的情况下，凝胶中的盐酸以氯离子（Cl⁻）和氢离子（H⁺）形式存在；甘氨酸（等电点 pI 6.0，羧基解离 pK_{a1} = 2.34，氨基解离 pK_{a2} = 9.7）在 pH 6.8 的浓缩胶中，解离度很低，只有小部分解离为甘氨酸负离子（$NH_2CH_2COO^-$），而在此 pH 下，大部分蛋白质都以负离子形式存在（大多数蛋白质等电点接近于 pH 5.0）。通电后，这三种负离子在浓缩胶中都向正极移动，而且它们的有效泳动率按以下次序排列：

$$有效泳动率 = 泳动率 m × 解离度 a$$

$$m_{Cl^-} × a_{Cl^-} > m_{蛋^-} × a_{蛋^-} > m_{甘^-} × a_{甘^-}$$

电泳开始时，在电流作用下向阳极泳动的阴离子有三种，即 Cl⁻、蛋白质阴离子（Pr⁻）和甘氨酸阴离子（Gly⁻）。Cl⁻泳动最快（称快离子），Gly⁻泳动最慢（称慢离子），蛋白质介于其间。通电后，快离子很快超过蛋白质离子和 Gly⁻，泳动到最前面。于是，快慢离子之间形成一个离子浓度低的区域，即低电导区，低电导区域有较高的电压梯度。电压梯度驱动慢离子加速泳动。这样，当快慢离子移动速度相等时，就建立一个不断向阳极移动的界面。蛋白质的泳动速度恰好介于快慢离子之间，因而被挤压在快慢离子之间形成一条窄带。这种浓缩作用可使蛋白质浓缩数百倍。

分离胶所用的缓冲液是 Tris-HCl（pH 8.8）。当样品进入分离胶后，慢离子解离度大大增加（pH 9.5 接近于 pH 9.7），有效泳动率也因此加大，大到超过所有的蛋白质的有效泳动率，从而赶上并超过所有的蛋白质分子。这样，快慢离子的界面（由溴酚蓝指示剂标志）总是跑在被分离的蛋白质样品之前，不再存在不连续的高电势梯度区域。于是，蛋白质样品在一个均一的电势梯度和均一的 pH 条件下，仅按分子筛选效应和电荷效应进行电泳分离。

十二烷基硫酸钠（sodium dodecyl sulfate，SDS）是一种阴离子去污剂，它在水溶液中以单体和分子团（micellae）的混合形式存在。这种阴离子去污剂能破坏蛋白质分子之间以及与其他物质分子之间的非共价键，形成带负电荷的蛋白质-SDS 复合物。这种复合物由于结合了大量的 SDS，使蛋白质丧失了原有的电荷状态，形成了仅保持原有分子大小为特征的负离子团块，从而降低或消除了各种蛋白质分子之间天然的电荷差异。SDS 与蛋白质结合后，还引起了蛋白质构象的改变。蛋白质-SDS 复合物的流体力学和光学性质表明，它们在水溶液中的形状，近似于雪茄烟形的长椭圆棒。不同蛋白质的 SDS 复合物的短轴长度都一样，约为 1.8nm，而长轴则随蛋白质的相对分子质量成正比变化。这样的蛋白质-SDS 复合物在凝胶中的迁移率，不再受蛋白质原有电荷和形状的影响，而只是椭圆棒的长度，也就是蛋白质相对分子质量的函数。

在聚丙烯酰胺凝胶系统中，加入一定量的 SDS 后，蛋白质分子的电泳迁移率主要取决于它的相对分子质量大小，而其他因素对电泳迁移率的影响几乎可以忽略不计。在一定条件下，蛋白质的相对分子质量与电泳迁移率间的关系，可用式（3-12）表示：

$$MW = K(10^{-b}m_R) \tag{3-12}$$

$$lgMW = -bm_R + lgK = -bm_R + K_1$$

式中 MW——蛋白质相对分子质量；

K、K_1——常数；

b——斜率；

m_R——相对迁移率。

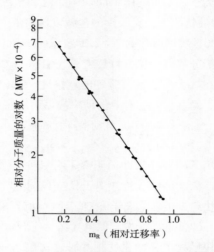

图 3-8   37 种蛋白质的相对分子质量对数对电泳迁移率图
（相对分子质量为 11000~70000， 10%凝胶， pH 7.2 SDS-磷酸盐缓冲系统）

若将已知相对分子质量的标准蛋白质的迁移率对相对分子质量的对数作图，可获得一条标准曲线（图 3-8）。未知蛋白质在相同条件下进行电泳，根据它的电泳迁移率即可在标准曲线上求得相对分子质量。

SDS-聚丙烯酰胺凝胶电泳作为一种单向电泳技术，按照凝胶电泳系统中的缓冲液、pH和凝胶孔径的差异可分为 SDS-连续系统电泳和 SDS-不连续系统电泳两类；按照所制成的凝胶形状和电泳方式又可分为 SDS-聚丙烯酰胺凝胶垂直柱型电泳和 SDS-聚丙烯酰胺凝胶垂直板型电泳；SDS-聚丙烯酰胺凝胶垂直板型电泳又可分为 SDS-连续系统垂直板型凝胶电泳和SDS-不连续系统垂直板型凝胶电泳。由于 SDS-不连续系统具有较强的浓缩效应，因而它的分辨率比 SDS-连续系统要高，所以被采用较为普遍。本实验即采用 SDS-聚丙烯酰胺不连续垂直板型凝胶电泳来测定蛋白质的相对分子质量（表 3-14）。

表 3-14   电泳技术的种类

类　别	名　称	备　注
不使用支持物的电泳	Tiselleus 式微量电泳技术 显微电泳技术 等电聚焦电泳技术 等速电泳技术	属自由界面电泳
使用支持物的电泳	纸上电泳 醋酸纤维薄膜电泳 薄层电泳 非凝胶性支持物区带电泳 （以淀粉、纤维素粉、合成树脂粉末做支持物） 凝胶支持物区带电泳	在此类中，有的可使用高压电泳仪 支持物有水平式、垂直式、平板式和柱状式；还有免疫电泳

续表

类 别	名 称	备 注
	（包括：聚丙烯酰胺圆盘电泳、SDS-圆形电泳等）	
	琼脂糖凝胶电泳	
	琼脂凝胶电泳	
其他	电泳-层析结合技术	
	交叉电泳法等	
	毛细管电泳	

三、试剂

（1）300g/L 丙烯酰胺贮液　称取丙烯酰胺 29.2g，甲叉双丙烯酰胺 0.8g，先用 80mL 双蒸水溶解，搅拌，直到溶液变成透明，再用双蒸水稀释至 100mL，过滤。用棕色瓶可在 4℃保存一个月。两种单体和溶液都是中枢神经毒物，要戴手套小心操作，不可直接接触。

（2）100g/L 的 N，N，N'，N'-四甲基乙二胺（TEMED）　0.1 mL TEMED 溶于 0.9 mL 双蒸水中。

（3）100g/L 过硫酸铵溶液　0.1g 过硫酸铵溶解于 1mL 双蒸水，4℃可存 1~2 周，使用前新鲜配制。

（4）分离胶缓冲液贮液（1.5mol/L Tris-HCl，pH 8.8）　9.08g Tris 溶解在 40mL 双蒸水中，用 4mol/L 盐酸调节 pH 8.8，再用双蒸水加至 50mL，4℃保存。

（5）浓缩胶缓冲液贮液（1mol/L Tris-HCl，pH 6.8）　6.06g Tris 溶解在 40mL 双蒸水中，用 4mol/L 盐酸调节 pH 6.8，再用双蒸水加至 50mL，4℃保存。

（6）2×SDS-样品缓冲液　1mL 浓缩胶缓冲液贮液（1mol/L Tris-HCl，pH 6.8）+4mL 100g/L SDS+1mL 巯基乙醇+2mL 甘油+0.5mL 1g/L 溴酚蓝，加双蒸水至 10mL。4℃保存。

（7）SDS-电极缓冲液贮存液（0.025mol/L Tris，0.25mol/L 甘氨酸，0.1% SDS，pH 8.3）

在 900mL 双蒸水中溶解 15.1g Tris 和 94g 甘氨酸，加入 50mL 100g/L SDS 贮液，加双蒸水补至 1000mL 则成 5×SDS-电极缓冲液。

（8）100g/L SDS　25g SDS 用双蒸水溶解至 250mL，室温保存。

（9）染色液　90mL 甲醇：水（1：1，体积比）和 10mL 冰乙酸的混合液中溶解 0.25g 考马斯亮蓝 R250，用滤纸过滤。

（10）脱色液　50mL 甲醇加 75mL 冰乙酸，加蒸馏水至 1000mL。

（11）蛋白质样品液。

（12）标准蛋白质　包括兔磷酸化酶 B，MW97400；牛血清蛋白，MW66200；兔肌动蛋白，MW43000；牛碳酸酐酶，MW31000；胰蛋白酶抑制剂，MW20100；鸡蛋清溶菌酶，MW14400。

四、实验步骤

1. 分离胶的制备

将玻璃板洗净、干燥后装置成凝胶模，保证其不漏水，若漏水，则须用无水乙醇将玻璃板擦拭干净后，重新装置凝胶模。按下列比例配制 120g/L 的分离胶（表 3-15）。迅速混匀后倒入两块玻璃板之间，小心用移液枪加进一层水覆盖，让其聚合 30~60min。分离胶高度约占玻璃板高度的 2/3（留出浓缩胶所需空间，梳齿齿长再加 1cm）。

SDS-聚丙烯酰胺凝胶
电泳测定蛋白质相对
分子质量虚拟实验

表 3-15　　　　　　　　　　　　　不同浓度分离胶的配制

	75g/L	100g/L	120g/L	150g/L
H_2O/mL	4.80	4.00	3.3	2.30
300g/L 丙烯酰胺/mL	2.50	3.30	4.0	5.00
分离胶缓冲液（pH 8.8）/mL	2.50	2.50	2.5	2.50
100g/L SDS/mL	0.10	0.10	0.1	0.10
TEMED/mL	0.02	0.02	0.04	0.04
100g/L 过硫酸铵/mL	0.10	0.10	0.10	0.10
总体积/mL	10	10	10	10

2. 浓缩胶的制备

分离胶聚合好后，除去水层，用滤纸条吸干。按表 3-16 比例配制浓缩胶（50g/L），迅速混匀后，倒在分离胶上层，并插入梳子，聚合后，小心取出梳子，避免混入气泡，形成互相间开的样品槽，用滤纸条除去样品槽内的水分。

表 3-16　　　　　　　　　　　　　不同浓度浓缩胶的配制

	30g/L	40g/L	50g/L	60g/L
H_2O/mL	3.2	3.05	3.7	2.7
300g/L 丙烯酰胺/mL	0.5	0.65	0.67	1.0
浓缩胶缓冲液（pH 6.8）/mL	1.25	1.25	0.5	1.25
100g/L SDS/mL	0.05	0.05	0.05	0.05
TEMED/mL	0.05	0.05	0.05	0.05
100g/L 过硫酸铵/mL	0.05	0.05	0.05	0.05
总体积/mL	5	5	5	5

3. 加样品

将样品和标准蛋白质溶液，分别与 2×SDS-样品缓冲液等体积混合，100℃ 水浴加热 3~5min。将制备好的凝胶平板装进垂直平板电泳槽。下槽放进 SDS-电极缓冲液，凝胶底部要保证没有气泡。将与 SDS-样品缓冲液混合后的样品液和标准蛋白质，各 20μL，加入样品槽中，小心地用 SDS-电极缓冲液充满样品槽，然后在上槽加入 SDS-电极缓冲液。

4. 电泳

在电极槽中倒入 pH 8.3 Tris-HCl 电极缓冲液，内含 1g/L SDS 即可进行电泳。在制备浓缩胶后，不能进行预电泳，因预电泳会破坏 pH 环境，如需要电泳只能在分离胶聚合后，并用分离胶缓冲液进行。预电泳后将分离胶面冲洗干净，然后才能制备浓缩胶。电泳条件也不同于连续 SDS-聚丙烯酰胺凝胶电泳。开始时电流为 10mA 左右，待样品进入分离胶后，改为 20~30mA，当染料前沿距凝胶底部边缘 1.5cm 时，停止电泳，关闭电源。

5. 染色和脱色

电泳结束后，取出凝胶平板，移去玻璃板，将凝胶浸泡于染色液中，染色 4h 或过夜，然后用脱色液脱色，数小时换一次脱色液，直至背景无色。为加速脱色，可将脱色液加热。

6. 凝胶的干燥

凝胶脱色后，可浸泡在 7% 乙酸溶液中保存，也可放在一张与胶片尺寸相宜的滤纸上。然后将凝胶连同滤纸一起放在特制凝胶干燥装置的硅酮橡胶片和铝板之间，通过加热和抽真空，使凝胶干燥。干燥后的凝胶紧贴在滤纸上，可装订成册，长期保存。

7. 样品相对分子质量的确定

以标准蛋白质相对分子质量的对数（lgMW）为纵坐标，相对迁移距离为横坐标作图，得到标准曲线。然后根据样品蛋白质分子的相对迁移距离，从标准曲线上查出其相对分子质量。

$$相对迁移距离 = \frac{蛋白质分子迁移距离(cm)}{染料迁移距离(cm)}$$

五、注意事项

1. 危险化学品危险性类别及使用注意事项

（1）丙烯酰胺 经口毒性、皮肤腐蚀/刺激、严重眼损伤/眼刺激、皮肤致敏物、生殖细胞致突变性、致癌性、生殖毒性、特异性靶器官毒性-反复接触。使用时戴手套，防止皮肤接触。

（2）N，N，N'，N'-四甲基乙二胺（TEMED） 易燃液体、皮肤腐蚀/刺激、严重眼损伤/眼刺激。有气味，使用时在通风橱操作。

（3）过硫酸铵 氧化性固体、皮肤腐蚀/刺激、严重眼损伤/眼刺激、呼吸道致敏物、皮肤致敏物、特异性靶器官毒性——次接触。本实验使用浓度低，注意操作规范。

（4）巯基乙醇 经口、经皮毒性、皮肤腐蚀/刺激、严重眼损伤/眼刺激、特异性靶器官毒性、危害水生环境。有刺激性气味。使用时戴手套，防止皮肤接触。在通风橱中操作。

各类化学品接触到皮肤，马上用水冲洗，用肥皂或洗手液洗涤并冲洗干净。

2. 实验过程操作注意事项

沸水浴防止烫伤。水浴样品因含有巯基乙醇（刺激性味道），水浴在通风橱中操作。

3. 实验废弃物处理

（1）染色液用胶头滴管吸取回收。

（2）脱色液是低浓度无毒废液，加水稀释后倒入水槽。

（3）丙烯酰胺聚合后无毒，聚丙烯酰胺凝胶用毕直接丢弃。

（4）废弃小离心管、枪头、一次性手套收集于塑料废弃物收集桶中。

（5）玻璃碎片置于玻璃废弃物收集桶中。

🔍 **思考题**

1. SDS 在本实验中的作用是什么？

2. 做好本实验的关键步骤有哪些？为什么？

3. 上、下槽电极缓冲液用过一次后，是否可以混合后再用？为什么？

实验十八　蔗糖酶的固定化及活力测定

一、实验目的

1. 了解固定化酶的原理及其优缺点。

2. 掌握制备固定化酶最基本、最常用的方法。

二、实验原理

固定化酶的原理是将酶利用物理的或化学的方法，使酶与固体的水不溶性支持物（或称载体）相结合，使其既不溶于水，又能保持酶的活性。它在固相状态作用于底物，具有离子交换树脂那样的特点，有一定的机械强度，可用搅拌或装柱形式与底物溶液接触。由于酶被固定在载体上，使得它们在反应结束后，可反复使用，也可贮存较长时间使酶活力不变。

酶固定化常用载体有：①多糖类（纤维素、琼脂、葡聚糖凝胶、海藻酸钙、卡拉胶、DEAE-纤维素等）；②蛋白质（骨胶原、明胶等）；③无机载体（氧化铝、活性炭、陶瓷、磁铁、二氧化硅、高岭土、磷酸钙凝胶等）；④合成载体（聚丙烯酰胺、聚苯乙烯、酚醛树脂等）。选择载体原则以价廉、无毒、强度高为好。酶固定化常用的方法有三大类。

1. 吸附法

吸附法是将酶直接吸附于惰性载体上，分物理吸附法与离子结合法。①物理吸附法是利用硅藻土、多孔砖、木屑等作为载体，将酶吸附住。②离子结合法是利用酶表面的静电荷在适当条件下可以和离子交换树脂进行离子结合和吸附制成固定化酶。吸附法的优点是：操作简便、载体可再生；吸附法的缺点是：细胞与载体的结合力弱，pH、离子强度等外界条件的变化都可以造成细胞的解吸而从载体上脱落。

2. 包埋法

包埋法是将酶均匀地包埋在水不溶性载体的紧密结构中，酶不至于漏出而底物和产物可以进入和渗出。酶和载体不起任何结合反应。因此，酶的稳定性高，活力持久。

3. 共价交联法

共价交联法是利用双功能或多功能交联剂，使载体和酶相互交联起来，成为固定化酶。常用的最有效的交联剂是戊二醛，这是一种双功能的交联剂，在它的分子中，一个功能团与载体交联，另一个功能团与酶交联。此法最为突出的优点是：固定化酶稳定性好，共价交联剂和载体都很丰富。

然而到目前为止，尚无一种可用于所有种类的酶固定化的通用方法，因此，对某一特定的酶来说，必须选择其合适的固定化方法和条件。

三、试剂

（1）40g/L 海藻酸钠。

（2）40g/L 卡拉胶。

（3）0.1mol/L CaCl$_2$。

（4）20g/L KCl。

（5）20g/L 明胶。

（6）15g/L 戊二醛。

（7）3,5-二硝基水杨酸　配制方法同实验十五。

（8）葡萄糖标准溶液（0.2mg/mL）　配制方法同实验十五。

四、实验步骤

（一）酶液的制备

酶液取自实验十三和实验十四得到的初提液 A、热提取液 B、乙醇沉淀提取液 C 和柱分离液 D。

（二）酶的固定化

1. 包埋法

（1）海藻酸钙凝胶固定化细胞的制备　海藻酸钠是从海藻中提取获得的海藻酸盐，为 D-甘露糖醛酸和古洛糖醛酸的线性共聚物，多价阳离子如 Ca^{2+}、Al^{3+}可诱导凝胶形成。将酶与海藻酸钠溶液混匀后，通过注射器针头或相似的滴注器将上述混合液滴入 CaCl$_2$ 溶液中，Ca^{2+}从外部扩散进入海藻酸钠与细胞混合液珠内，使海藻酸钠转变为水不溶的海藻酸钙凝胶，由此将微生物细胞包埋在其中。在此法的使用中，应尽量避免酶液中含有钙螯合剂（如 PO$_4^{3-}$），因为它可导致钙的溶解和释放，并由此引起凝胶的破坏。

用去离子水配制 10mL 40g/L 的海藻酸钠溶液，加热溶解。冷却后加入等量经稀释的酶液，混合均匀，倒入一个带有小喷嘴的塑料瓶中或注射器外套并与针头相连，通过 1.5～2.0mm 的小孔，以恒定的速度滴到盛有 0.1mol/L CaCl$_2$（胶诱导剂）溶液的容器中制成凝胶珠。4℃浸泡 2h，用去离子水洗涤三次，称量其湿重（$m_总$），置于冰箱中备用。

（2）卡拉胶固定化细胞的制备　卡拉胶是一种从海藻中分离出来的多糖，为 β-D-半乳糖硫酸盐和 3,6-脱水-α-D-半乳糖交联而成。热卡拉胶可经冷却或经胶诱生剂如 K$^+$、NH$_4^+$、Ca^{2+}、Mg^{2+}、Fe^{3+}及水溶性有机溶剂诱导形成凝胶。卡拉胶固定微生物细胞有许多优点，如凝胶条件粗放，凝胶诱生剂对酶活力影响很小，细胞回收方便，因此，目前多选用它作载体。

用去离子水配制 10mL 40g/L 的卡拉胶溶液，加热溶解。冷却后加入等量经稀释的酶液，混合均匀，倒入一个带有小喷嘴的塑料瓶中或注射器外套并与针头相连，通过 1.5～2.0mm 的小孔，以恒定的速度滴到装有 20g/L KCl 溶液的平皿中制成凝胶珠。浸泡 2h，用去离子水洗涤三次，称量其湿重（$m_\text{总}$），置于冰箱中备用。

2. 共价交联法

吸取 10mL 经稀释的酶液加入 25mL 20g/L 的明胶液中，混合均匀，倒入平皿中，在 0~5℃冻结后，切成小块，再浸入 15g/L 戊二醛中，室温下交联 3h，用去离子水洗涤三次，称量其湿重（$m_\text{总}$），置于冰箱中备用。

（三）固定化酶活力的测定

固定化蔗糖酶活力的测定采用 DNS 法测还原糖的方法（见实验十五）。

1. 酶反应

取固定化酶颗粒数粒，称量其湿重（$m_\text{测}$），加入已在 35℃预热 10min 的 50g/L 蔗糖溶液 2mL，置于 35℃水浴中准确计时搅拌反应 3min。然后去除固定化酶颗粒终止酶反应。以不加固定化酶的溶液作为空白对照。

2. 显色反应

具体实验操作同实验十五。

3. 计算固定化酶的活力单位数

（1）固定化蔗糖酶的活力单位定义为：在一定条件下（pH 4.6，温度 35℃）在 3min 内能水解蔗糖成还原糖 1mg 所需要的酶量，称为 1 个活力单位。

$$10\text{mL 酶液固定化后的总活力单位数} = m/V_\text{测} \times 2/m_\text{测} \times m_\text{总} \times n$$

式中　m——$V_\text{测}$ 测出的葡萄糖质量，mg；

　　　n——固定化酶时酶液的稀释倍数。

（2）比较固定化酶与游离酶的活力单位。

（3）固定化酶的稳定性实验　酶反应后的固定化酶颗粒用去离子水洗三次后重新进行酶反应，测量其酶活力单位。如此重复反应多次观察固定化酶的稳定性。

🔍 思考题

1. 固定化酶常用的方法有哪些？各有什么特点？
2. 固定化酶和游离酶相比较，有哪些优缺点？

三、选择性实验

实验十九　底物浓度对酶促反应速度的影响
——米氏常数的测定

一、实验目的

了解底物浓度对酶促反应的影响，掌握测定米氏常数 K_m 的原理和方法。

二、实验原理

酶促反应速度与底物浓度的关系可用米氏方程来表示：

$$V = V_{max} \frac{[S]}{K_m + [S]} \qquad\qquad (3-13)$$

式中　V_{max}——酶被底物饱和时的反应速度；

　　$[S]$——底物浓度；

　　K_m——米氏常数，是酶促反应速度 V 为最大酶促反应速度值一半时的底物浓度。

这个方程表明当已知 K_m 及 V 时，酶促反应速度与底物浓度之间的定量关系。不同的酶 K_m 值不同，同一种酶与不同底物反应 K_m 值也不同，K_m 值可近似地反映酶与底物的亲和力大小：K_m 值大，表明亲和力小；K_m 值小，表明亲和力大。测 K_m 值是酶学研究的一个重要方法。大多数纯酶的 K_m 值在 $0.01 \sim 100 mmol/L$。

酶促反应中的米氏常数的测定和 V_{max} 的测定有多种方法。比如固定反应中的酶浓度，然后测试几种不同底物浓度下的起始速度，即可获得 K_m 和 V_{max} 值。但直接从起始速度对底物浓度的图中确定 K_m 或 V_{max} 值是很困难的，因为曲线接近 V_{max} 时是个渐进过程。因此，通常情况下，我们都是通过米氏方程的双倒数形式来测定，即 lineweaver-burk plot，也可称为双倒数方程（double-reciprocal plot）：

$$\frac{1}{V} = \frac{K_m + [S]}{V_{max}[S]} = \frac{K_m}{V_{max}} \frac{1}{[S]} + \frac{1}{V_{max}}$$

将 $1/V$ 对 $1/[S]$ 作图，即可得到一条直线，该直线在 Y 轴的截距即为 $1/V_{max}$，在 X 轴上的截距即为 $1/K_m$ 的绝对值（图 3-9）。

本实验用的蔗糖酶是一种水解酶，它能使蔗糖水解成葡萄糖和果糖。该反应的速度可以用单位时间内葡萄糖浓度的增加来表示，葡萄糖与 3,5-二硝基水杨酸共热后被还原成棕红色的氨基化合物，在一定浓度范围内，葡萄糖的量和棕红色物质颜色深浅程度成一定比例关系，因此，可以用分光光度计来测定反应在单位时间内生成葡萄糖的量，从而计算出反应速度。所以测量不同底物（蔗糖）浓度 $[S]$ 的相应反应速度 V，就可用作图法计算出米氏常数 K_m 值。

三、试剂与器材

1. 试剂

（1）0.1mol/L pH 4.6 乙酸缓冲液。

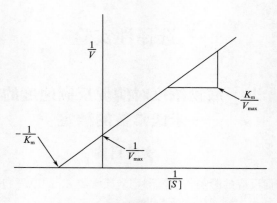

图 3-9　米氏方程的双倒数作图

（2）0.1mol/L 蔗糖溶液　用 0.1mol/L pH 4.6 乙酸缓冲液配制。

（3）3,5-二硝基水杨酸试剂。

（4）1mol/L NaOH。

（5）蔗糖酶。

2. 器材

吸管，试管，恒温水浴槽，分光光度计。

四、实验步骤

按表 3-17 在 12 支试管中分别加入 0.1mol/L 蔗糖液和 0.1mol/L pH 4.6 乙酸缓冲液，使总体积达 2mL。置于 35℃水浴内预热，另取 3U/mL 酶溶液在 35℃水浴内保温 10min，依次向各管加入 2mL 酶液，准确作用 5min 后按次序加入 0.5mL 1mol/L NaOH，摇匀，中止酶反应。吸取 0.5mL 酶反应液，用 DNS 法测定还原糖的量。

以底物浓度为横坐标，反应速度为纵坐标作图，求出最大速度 V_{max} 与米氏常数 K_m。

表 3-17　　　　　　　　　底物浓度对酶催化反应速度的影响

管号	反应物					活力测定			数据处理			
	0.1mol/L 蔗糖/mL	缓冲液/mL	3U/mL 酶液/mL	1mol/L NaOH/mL	吸取反应液/mL	水/mL	水杨酸/mL		A_{540}	$1/[S]$	速度（V）	$1/V$
1	0.00	2.00	2.00	0.50	0.50	2.50	1.50				0	
2	0.20	1.80	2.00	0.50	0.50	2.50	1.50	沸水浴加热5min,冷却				
3	0.25	1.75	2.00	0.50	0.50	2.50	1.50					
4	0.30	1.70	2.00	0.50	0.50	2.50	1.50					
5	0.35	1.65	2.00	0.50	0.50	2.50	1.50					
6	0.40	1.60	2.00	0.50	0.50	2.50	1.50					

续表

管号	反应物					活力测定		数据处理			
	0.1mol/L 蔗糖/mL	缓冲液/mL	3U/mL 酶液/mL	1mol/L NaOH/mL	吸取反应液/mL	水/mL	水杨酸/mL	A_{540}	1/[S]	速度（V）	1/V
7	0.50	1.50	2.00	0.50	0.50	2.50	1.50				
8	0.60	1.40	2.00	0.50	0.50	2.50	1.50	沸水浴加热 5min，冷却			
9	0.80	1.20	2.00	0.50	0.50	2.50	1.50				
10	1.00	1.00	2.00	0.50	0.50	2.50	1.50				
11	1.50	0.50	2.00	0.50	0.50	2.50	1.50				
12	2.00	0.00	2.00	0.50	0.50	2.50	1.50				

🔍 思考题

1. 试述底物浓度对酶促反应速度的影响。
2. 米氏方程中的 K_m 值有何实际应用？

实验二十　酶的特异性、温度及 pH 对酶活力的影响

酶的特异性对酶活力的影响

一、实验原理

淀粉受唾液淀粉酶的作用水解成麦芽糖和少量葡萄糖。通常以测定淀粉水解的程度（底物减少）或麦芽糖生成的数量（产物增加）来衡量淀粉酶的活性。麦芽糖和葡萄糖都具有还原性，能使班氏试剂中的二价铜离子（Cu^{2+}）还原成一价铜离子（Cu^{+}），生成砖红色的氧化亚铜沉淀。而蔗糖不能被水解也不具有还原性，故不能被班氏试剂还原。

二、器材与试剂

1. 器材

恒温水浴箱、水浴锅、试管及试管架、白瓷凹板、吸量管（2mL、1mL、0.5mL）、滴管、小漏斗。

2. 试剂

（1）10g/L 淀粉。

（2）10g/L 蔗糖液。

（3）pH 6.8 磷酸盐缓冲液　取 50mmol/L 磷酸二氢钠 50.4 mL 与 50mmol/L 磷酸氢二钠

49.6mL 混合。

（4）稀释唾液的制备　用水漱口，然后含一口蒸馏水待 1~2min，使其与唾液混合后，放入烧杯中备用。另用小试管取少许稀释唾液在水浴锅中煮沸 5min，取出冷却备用。

（5）班氏试剂　柠檬酸钠 173g 和碳酸钠 100g 溶于约 700mL 水中，另将硫酸铜 17.3g 溶于 100mL 水中，可分别加热助溶。冷却后将两液混合，再加水至 1000mL 混匀。

三、实验步骤

取试管 3 支，编号，按表 3-18 操作。

表 3-18　　　　　　　　　　　　　　加样表

	试管编号		
	1	2	3
10g/L 淀粉/滴	10	10	—
10g/L 蔗糖/滴	—	—	10
pH 6.8 缓冲液/滴	10	10	10
稀释唾液/滴	5	—	5
煮沸的唾液/滴	—	5	—
各管混匀后，置 37℃ 水浴中保温 10min			
班氏试剂/滴	20	20	20

四、结果

将上述各管放沸水浴中煮沸 3~5min，观察结果。

温度对酶活力的影响

一、实验原理

酶的活性受温度的双重影响。低温时酶活力表现较低，在一定范围内，酶活力随温度上升而增高。通常每升高 10℃，反应速度增加一倍左右；温度越高使酶蛋白变性越快，致使酶活力随温度上升而降低，以致完全丧失活性。酶促反应速度达到最大值时的温度，称为酶作用的最适温度。

本实验以唾液淀粉酶对淀粉的消化作用为例，观察 0℃、37℃和 100℃三种温度对酶活力的影响。实验中各管除温度外，其他反应条件皆相同。唾液淀粉酶可催化淀粉逐步水解成各种不同大小的糊精及麦芽糖。它们遇碘呈现不同的颜色反应，故可利用碘反应的颜色对比来判定不同温度下酶活力的大小。

二、试剂

（1）10g/L 淀粉。

（2）碘液　碘化钾 1g 加少许水溶解后，再加碘 0.5g，溶解后加水至 100mL，混匀。用时加水稀释 10 倍。

三、实验步骤

（1）稀释唾液的制备（同"酶的特异性对酶活力的影响"实验）。

（2）准备好 37℃ 水浴、冰水浴及沸水浴，点滴板加碘液各 1 滴，备用。

（3）取小试管 4 支，编号，各加 10g/L 淀粉溶液 30 滴，pH 6.8 缓冲液 10 滴。1 号管做对照，2 号管放 37℃ 水浴，3 号管放冰水浴，4 号管放沸水浴中，各预温 10min。

（4）向 1 号管加蒸馏水 10 滴，向 2、3 和 4 号管各加稀释唾液 10 滴，混匀，仍放原水浴中。

（5）5min 后由 2 号管每隔一定时间（1min 或 2min），取液一滴于白瓷凹板上做碘反应，观察并记录颜色变化情况，到碘反应接近浅红色时，取出各管，包括 1 号管，分别各取 1 滴做碘反应，观察对比结果。

（6）把 4 支试管均放入 37℃ 水浴中，5~10min 后取出，向各管内加碘液 2 滴，混匀，观察结果。

综合分析所测三种温度下的酶活力情况，并以 1 号管为对照说明冰水浴及沸水浴两温度对酶活力影响的异同。

四、注意事项

（1）实验步骤（5）中由 2 号管每隔一定时间取液做碘反应的目的在于掌握水解程度，以便与其他温度的情况对比。其每次间隔时间长短按具体情况灵活掌握，反应快者，间隔时间短些；反之，适当延长间隔时间，每次只取一滴即可，总次数不要多，以免过多消耗管内液体。同时注意操作中切勿带入异物影响结果。

（2）淀粉酶属于 α-淀粉酶，pH 约为 6.9。

（3）凡是酶学实验应器材干净，试剂较纯，低温操作，避免杂质和抑制因素的干扰等。

pH 对酶活力的影响

一、实验原理

酶的活性受环境 pH 的影响极为显著。因 pH 影响酶蛋白和底物的解离状态，从而明显改变酶与底物的结合和催化作用。每一种酶在一定的条件下都有它发挥作用的最适 pH，此时酶的活性最大。当其他条件相同时，离最适 pH 越近，其活性越大，即所催化的反应速度越快。

本实验利用唾液淀粉酶对淀粉的水解作用，在其他条件相同时，对比观察 pH 变化对酶活力的影响，用碘反应判断结果。

二、试剂

（1）生理盐水。

（2）10g/L 淀粉。

（3）碘液（同"温度对酶活力的影响"实验）。

（4）0.1mol/L pH 5~8 磷酸盐缓冲液　分别配制下列二液，再按表 3-19 混合。

①0.2mol/L NaH$_2$PO$_4$ 液：称取 NaH$_2$PO$_4$·2H$_2$O 31.2g，加水准确定容至 1000mL。

②0.2mol/L Na$_2$HPO$_4$ 液：称取 Na$_2$HPO$_4$·12H$_2$O 71.64g，加水准确定容至 1000mL。

表 3-19　　　　　　　　　　　　　　加样表

pH	0.2mol/L NaH$_2$PO$_4$/mL	0.2mol/L Na$_2$HPO$_4$/mL
5	98.1	1.9
6.8	51.0	49.0
8	5.3	94.7

三、实验步骤

（1）稀释唾液制备　同"温度对酶活力的影响"实验。

（2）取点滴板一个，向白瓷凹板凹池内各加碘液 1 滴。准备好 37℃ 水浴。

（3）取小试管 5 支，编号，按表 3-20 加入试剂，混匀。

表 3-20　　　　　　　　　　　　　　加样表

试剂	试管编号				
	1	2	3	4	5
10g/L 淀粉/滴	30	30	30	30	30
0.1mol/L 磷酸盐缓冲液/滴	10	10	10	10	10
	(pH 6.8)	(pH 5.0)	(pH 6.8)	(pH 8)	(pH 6.8)

（4）5 号管加稀释唾液 10 滴，放 37℃ 水浴中，计时，每隔 1min 或 2min，由 5 号试管中取出 1 滴溶液做碘反应，待碘反应呈浅红色或橙黄色时，取出试管，记录保温时间。

（5）1~4 号试管放入 37℃ 水浴中，向 1 号管加 10 滴蒸馏水。以 1min 间隔，并记录时间，依次向 2~4 号管中加入稀释唾液 10 滴，摇匀，按照 5 号管的保温时间，以 1min 间隔，依次取出各管，并立即加碘液 2 滴，混匀。向 1 号管加 2 滴碘液。观察各管呈现的颜色，判断在不同 pH 下淀粉被水解的程度，分析 pH 对淀粉酶活力的影响，并确定其最适 pH。

四、注意事项

（1）掌握 5 号试管的水解程度是本实验成败的关键之一。

（2）实验中准确计时和依次加液是为了确保各反应管具有相同的酶促反应时间。操作时要严格控制各管的反应时间一致。

（3）最适 pH 受底物性质和缓冲液性质的影响　唾液淀粉酶的最适 pH 在磷酸盐缓冲液中为 6.4~6.6，在乙酸盐缓冲液中则为 5.6。

🔍 **思考题**

1. 什么是酶的特异性？本实验结果为什么能说明酶具有这种性质？
2. 何为酶的绝对专一性、相对专一性？通过本实验说明蔗糖酶具有何种专一性？
3. 说明温度对酶活力影响的本质。请举出应用温度对酶影响的实例。利用最适温度、零下及沸水浴温度各有何实践意义？
4. 酶促反应的最适温度是酶的特征物理常数吗？它与哪些因素有关？
5. "温度对酶活力的影响"实验中为什么控制 2 号管碘反应到阴性时向各管加碘液？实验设计中 1 号管的作用是什么？有无必要？
6. 联系实验结果及所学理论，说明 pH 对酶活力的影响有什么规律和实际意义？
7. 通过本次酶学实验，你对下面问题如何认识？
   （1）酶作为生物催化剂具有哪些特征？
   （2）进行酶学实验必须注意控制哪些条件？为什么？

实验二十一　大豆总异黄酮的提取及含量测定

一、实验目的

建立大豆总异黄酮的提取方法及含量测定方法。

二、实验原理

大豆除含有丰富的蛋白质、油脂外，还有许多具有生物活性的物质，大豆异黄酮就是其中一种，它只存在于大豆种子的胚轴及子叶中，含量很低但生物活性较强。由于它的化学结构式与动物体内雌激素极为相似，在体内发挥生物作用时，可与雌激素受体结合，表现为雌激素活性。近年来科学家通过流行病学、临床试验、动物实验和体外实验等，对大豆异黄酮与心血管疾病、乳腺癌、前列腺癌、绝经后骨质疏松、阿尔茨海默病等疾病的作用进行了研究，证明大豆异黄酮对上述激素依赖性疾病有预防作用。目前发现的大豆异黄酮主要由 12 种单体组分构成，分为游离型的苷元和结合型糖苷两大类，其中苷元包括染料木素、大豆苷元和黄豆苷元；糖苷为染料木苷、大豆苷、丙二酰基染料木苷和丙二酰基大豆苷。近年来研究表明，大豆异黄酮的生物活性主要体现在 4 种主要单体组分上，即染料木苷、大豆苷、染料木素和大豆苷元，而且不同单体组分的生物活性不同。通过对大豆原料进行一系列处理，达到纯化分离大豆异黄酮单体组分的目的。

本文以大豆为原料进行有机溶剂提取和柱层析吸附解析，聚酰胺柱层析提取大豆总异黄酮，并用高效液相色谱（HPLC）法测定大豆总异黄酮含量。

三、材料、试剂与器具

1. 器具

Waters515/2487 高效液相色谱仪。

2. 材料、试剂

染料木苷、大豆苷元等对照品购自 Sigma 公司。大豆购于居民区菜市场，研磨后过 60 目筛。柱层析用聚酰胺（30～60 目）为化学纯，甲醇为色谱纯，其他化学试剂均为分析纯。

四、实验步骤

1. 大豆总异黄酮提取

取 1000g 大豆粉用 15000mL 80% 乙醇溶液分 3 次浸泡提取，合并提取液，过滤除去不溶物，回收乙醇得棕黄色浸膏。用适量 95% 乙醇溶解浸膏后，加入聚酰胺颗粒吸附所有液体，风干乙醇。装柱，用水和乙醇梯度洗脱，收集 60%～90% 乙醇洗脱液，回收乙醇得浸膏。再进聚酰胺柱层析分离，以氯仿-甲醇梯度洗脱，回收溶剂得大豆总异黄酮。

2. 大豆总异黄酮的定性鉴别

称取大豆总异黄酮 15mg 于 2mL 容量瓶中，用乙醇溶解并定容得供试品液。取染料木苷、大豆苷元对照品各 2mg，分别用乙醇定容至 2mL，得对照品溶液。吸取供试品液及对照品溶液各 2μL 分别点于同一块硅胶 GF254 薄层板上，以正己烷：乙酸乙酯：冰乙酸（7：3：1）为展开剂，展距约 12cm。挥干溶剂后在 254nm 下观察荧光淬灭斑点，供试品在对照品荧光淬灭斑点同一位置上均会出现相应的荧光淬灭斑点。

3. 含量测定

（1）样品溶液　提取的大豆总异黄酮 100mg，加约 80mL 80% 乙醇，超声 30s，用 80% 乙醇定容至 100mL，用孔径为 45μm 的微孔滤膜过滤得 HPLC 样品液。

（2）对照品溶液　分别精确称取大豆苷元 17.5mg、染料木苷 23.5mg 于同一容量瓶中，用无水乙醇定容至 50mL 得对照液。

（3）色谱条件　色谱柱 C_{18}（4.6mm×200mm×5μm）；柱温：室温；流动相：甲醇：水：乙酸＝42：57：1；流速：1mL/min；检测波长：260nm。样品进样量：20μL。

（4）线性关系　取对照品溶液 5mL 在容量瓶中用甲醇稀释至刻度得第一个对照品应用液。再从上述对照品应用液中取 5mL 在容量瓶中用甲醇稀释至刻度得第二个对照品应用液。依法配制 5 个对照品应用液。按上述色谱条件进样 2μL，2 次（图 3-10），求平均峰面积。分别以大豆苷元、染料木苷的浓度对峰面积作回归计算，得回归方程。

4. 样品测定

按上述色谱条件测定。

五、注意事项

（1）注意色谱条件的调整，一般需要有精密度和回收率实验。

（2）样品荧光淬灭斑点容易受多因素干扰，弥散不清，需多做重复。

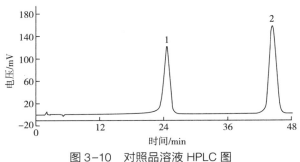

图 3-10　对照品溶液 HPLC 图

1—大豆苷元　2—染料木苷

🔍 **思考题**

根据大豆总异黄酮的提取方法，试建立一种从莨菪素原粉中提取总黄酮及测定其含量的方法。

实验二十二　类胡萝卜素的色层分析及鉴定

一、实验目的

1. 掌握吸附层析分离类胡萝卜素的实验原理。
2. 熟悉吸附层析的操作过程。

二、实验原理

类胡萝卜素存在于辣椒和胡萝卜等黄绿色植物中，因其在动物体内可转变成维生素 A，故又称为维生素 A 原。类胡萝卜素可用乙醇、石油醚和丙酮等有机溶剂提取。由于类胡萝卜素与其他植物色素的化学结构不同，它们被氧化铝吸附的强度以及有机溶剂中的溶解度都不相同，故将提取液利用氧化铝吸附层析，再用石油醚等冲洗层析柱，即可分离成不同的色带。与植物色素比较，类胡萝卜素吸附最差，移动在最前面，故能最先被洗脱下来。

三、材料、试剂与器具

1. 材料、试剂

（1）95%乙醇。

（2）石油醚及 1%丙酮石油醚。

（3）Al_2O_3 固体。

（4）无水硫酸钠。

（5）干红辣椒。

2. 器具

（1）1cm×16cm 层析柱。

（2）40～60mL 分液漏斗。

（3）干燥试管。

（4）研钵。

四、实验步骤

1. 制备提取液

取干红辣椒皮 2g，剪碎后放入研钵中，加 95% 乙醇 5mL，研磨至呈深红色，再加石油醚 10mL，研磨 3～5min，用纱布过滤，将滤液置于 50mL 分液漏斗中，用 20mL 蒸馏水洗涤数次，以除去滤液中的乙醇，直至水层透明为止。然后将红色石油醚置干燥试管中，加少量无水硫酸钠除去水分，用软木塞塞紧以免石油醚挥发。

2. 制备层析柱

取 1cm×16cm 的玻璃层析管，在其底部放置少量棉花并压紧，然后用吸管装入石油醚-氧化铝悬液，待氧化铝均匀沉积于管内并使其达 10cm 高度，于其上部铺 1 张圆形小滤纸，将层析管垂直夹在铁架上备用。

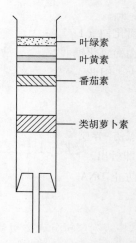

叶绿素
叶黄素
番茄素
类胡萝卜素

3. 层析

当层析柱上端石油醚尚未完全浸入氧化铝时，即用细吸管吸取石油醚提取液 1mL 沿管壁加入层析柱上端，待提取液全部进入层析柱时，立即加入含 1% 丙酮的石油醚冲洗，使吸附在柱上端的物质逐渐展开成为数条颜色不同的色带（图 3-11）。仔细观察色带的位置、宽度与颜色，并绘图记录。

图 3-11　类胡萝卜素的色层分析

4. 鉴定

取 1 支试管收集最前面的色带层，倒入蒸发皿内，于 80℃ 水浴中蒸干，滴入三氯化锑氯仿溶液数滴，可见蓝色反应，即能鉴定此色带层为类胡萝卜素。

五、注意事项

（1）如氧化铝吸附力不够理想，可先对氧化铝作高温处理（350～400℃烘烤）除去水分，提高吸附力。

（2）石油醚提取液中的乙醇必须洗净，否则吸附不好，色素的色带弥散不清。

（3）展开液中的丙酮可增强洗脱效果，但含量不宜过高，以免洗脱过快使色带分离不清。

🔍 思考题

1. 吸附层析法的基本原理是什么？

2. 为使类胡萝卜素的分离效果更佳，操作中应注意些什么？

实验二十三　组织 DNA 的提取及定量测定

动物肝脏 DNA 的提取

一、实验目的

了解分离提取 DNA 的一般原理，掌握从动物肝脏中提取 DNA 的方法。

二、实验原理

在浓氯化钠（1~2mol/L）溶液中，脱氧核糖核蛋白的溶解度很大，核糖核蛋白的溶解度很小。在稀氯化钠（0.14mol/L）溶液中，脱氧核糖核蛋白的溶解度很小，核糖核蛋白的溶解度很大。因此，可利用不同浓度的氯化钠溶液，将脱氧核糖核蛋白和核糖核蛋白从样品中分别抽提出来。

将抽提得到的核蛋白用 SDS（十二烷基硫酸钠）处理，DNA（或 RNA）即与蛋白质分开，可用氯仿-异戊醇将蛋白质沉淀除去，而 DNA 则溶解于溶液中。向溶液中加入适量乙醇，DNA 即析出。

为了防止 DNA（或 RNA）酶解，提取时加乙二胺四乙酸（ethylene diamine tetraacetic acid，EDTA）。

三、器材及试剂

1. 器材

新鲜猪肝（一次用不完一定要冷冻保存），匀浆器，离心机（5000r/min），量筒 50mL（×1）、10mL（×1），恒温水浴锅，纱布，真空干燥器。

2. 试剂

（1）5mol/L NaCl 溶液　将 292.3g NaCl 溶于蒸馏水，稀释至 1000mL。

（2）0.14mol/L NaCl-0.10mol/L EDTA-Na 溶液　8.18g NaCl 及 37.2g EDTA-Na 溶于蒸馏水，稀释至 1000mL。

（3）250g/L SDS 溶液　25g 十二烷基硫酸钠溶于 100mL 45%乙醇。

（4）0.015mol/L NaCl-0.0015mol/L 柠檬酸三钠溶液　NaCl 0.828g 及柠檬酸三钠 0.341g 溶于蒸馏水，稀释至 1000mL。

（5）氯仿-异戊（丙）醇混合液　氯仿：异戊（丙）醇=24：1（体积比）。

（6）1.5mol/L NaCl-0.15mol/L 柠檬酸三钠溶液　NaCl 82.8g 及柠檬酸三钠 34.1g 溶于蒸馏水，稀释至 1000mL。

（7）3mol/L 乙酸钠-0.001mol/L EDTA-Na 溶液　称取乙酸钠 408g、EDTA-Na 0.372g 溶于蒸馏水，稀释至 1000mL。

（8）70%乙醇、80%乙醇、95%乙醇、无水乙醇。

四、实验步骤

（1）取猪肝 20~30g，用适量 0.14mol/L NaCl-0.10mol/L EDTA 溶液洗去血液，剪碎，加入 30~50mL 0.14mol/L NaCl-0.10mol/L EDTA 溶液，置匀浆器或研钵中研磨，研磨一定要充分，待研成糊状后，用单层纱布滤去残渣，将滤液离心 10min（4000r/min），弃去上清液，沉淀用 0.14mol/L NaCl-0.10mol/L EDTA 溶液洗 2~3 次。所得沉淀为脱氧核糖核蛋白粗制品。

（2）向上述沉淀物加入 0.14mol/L NaCl-0.10mol/L EDTA 溶液，使总体积为 37mL，然后滴加 250g/L SDS 溶液 3mL，边加边搅拌。加毕，置 60℃ 水浴保温 10min（不停搅拌），溶液变得黏稠并略透明，取出冷却至室温。此步操作系使核酸与蛋白质分离。

（3）加入 5mol/L NaCl 溶液 10mL，使 NaCl 最终浓度达到 1mol/L，搅拌 10min，加入约一倍体积的氯仿-异戊（丙）醇混合液，振摇 10min，静置分层，取上、中两层液离心 10min（4000r/min）。去掉沉淀，上层清液徐徐加入 1.5~2 倍 95% 乙醇，DNA 沉淀即析出，用玻璃棒顺着一个方向慢慢搅动，则 DNA 丝状物即缠在玻璃棒上。

（4）将 DNA 粗制品置于 27mL 0.015mol/L NaCl-0.0015mol/L 柠檬酸三钠溶液中，再加入 3mL 1.5mol/L NaCl-0.15mol/L 柠檬酸三钠溶液，搅匀，加入一倍体积氯仿-异戊（丙）醇混合液，振摇 10min，离心（4000r/min，10min），倾出上层液（沉淀弃去），加入 1.5 倍体积 95% 乙醇，DNA 即沉淀析出。离心，弃去上清液，沉淀（粗 DNA）按本操作步骤重复一次。

（5）将上步所得沉淀溶于 27mL 0.015mol/L NaCl-0.0015mol/L 柠檬酸三钠溶液中，然后以线状徐徐加入 2 倍 95% 乙醇，边加边搅，取出丝状 DNA，依次用 70% 乙醇、80% 乙醇、95% 乙醇及无水乙醇各洗一次，真空干燥。保存待用。

🔍 思考题

1. 所提取的 DNA 是不是纯品？如何进一步提高其纯度？
2. DNA 提取过程中的关键步骤及注意事项有哪些？

核酸的定量测定——紫外分光光度法

一、实验目的

学习和掌握应用紫外分光光度法直接测定核酸含量的原理及技术。熟悉紫外分光光度计的基本原理与使用。

二、实验原理

DNA 和 RNA 都有吸收紫外光的性质，它们的吸收高峰在 260nm 波长处。吸收紫外光的性质是嘌呤环和嘧啶环的共轭双键系统所具有的，所以嘌呤和嘧啶以及一切含有它们的物质，不论是核苷、核苷酸或核酸都有吸收紫外光的特性，核酸和核苷酸的摩尔消光系数（或称吸收系数）用 E（P）来表示，E（P）为每升溶液中含有一摩尔原子核酸磷的消光值（即吸光度）。RNA 的 E（P）260nm（pH 7）为 7700~7800。RNA 的含磷量约为 9.5%，因此每毫升溶液含 1μg RNA 的吸光度相当于 0.022~0.024。小牛胸腺 DNA 钠盐的 E（P）260nm（pH 7）为 6600，含磷量为 9.2%，因此每毫升溶液含 1μg DNA 钠盐的吸光度为 0.020。

蛋白质由于含有芳香氨基酸，因此也能吸收紫外光。通常蛋白质的吸收高峰在 280nm 波长处，在 260nm 处的吸收值仅为核酸的 1/10 或更低，故核酸样品中蛋白质含量较低时对核酸的紫外测定影响不大。RNA 的 260nm 与 280nm 吸光度的比值在 2.0 以上；DNA 的 260nm 与 280nm 吸光度的比值则在 1.9 左右。当样品中蛋白质含量较高时比值即下降。

三、器具、试剂与材料

1. 器具

容量瓶（50mL），离心管，离心机，紫外分光光度计。

2. 试剂与材料

（1）钼酸铵–过氯酸沉淀剂（0.25% 钼酸铵–2.5% 过氯酸溶液）　取 3.6mL 70% 过氯酸和 0.25g 钼酸铵溶于 96.4mL 蒸馏水中。

（2）样品 RNA 或 DNA 干粉。

四、实验步骤

将样品配制成每毫升含 5~50μg 核酸的溶液，于紫外分光光度计上测定 260nm 和 280nm 处吸光度，计算核酸浓度和两者吸光度比值。

$$\text{RNA 浓度（μg/mL）} = \frac{A_{260}}{0.024 \times L} \times 稀释倍数 \tag{3-14}$$

$$\text{DNA 浓度（μg/mL）} = \frac{A_{260}}{0.020 \times L} \times 稀释倍数 \tag{3-15}$$

式中　A_{260}——260nm 波长处吸光度；

　　　L——比色皿的厚度；

　　0.024——每毫升溶液内含 1μg RNA 时的吸光度；

　　0.020——每毫升溶液内含 1μg DNA 钠盐时的吸光度。

如果待测的核酸样品中含有酸溶性核苷酸或可透析的低聚多核苷酸，则在测定时需加钼酸铵–过氯酸沉淀剂，沉淀除去大分子核酸，测定上清液 260nm 处吸光度作为对照。具体操作如下：

取两支小离心管，甲管加入 0.5mL 样品和 0.5mL 蒸馏水；乙管加入 0.5mL 样品和 0.5mL 钼酸铵–过氯酸沉淀剂，摇匀，在冰浴中放置 30min，以 3000r/min 离心 10min，从甲、乙两管中分别吸取 0.4mL 上清液到两个 50mL 容量瓶内，定容到刻度。于紫外分光光度计上测定 260nm 处吸光度。

五、结果与讨论

$$\text{RNA（或 DNA）浓度（μg/mL）} = \frac{\Delta A_{260}}{0.024（或 0.020） \times L} \times 稀释倍数 \tag{3-16}$$

式中　ΔA_{260}——甲管稀释液在 260nm 波长处吸光度减去乙管稀释液在 260nm 波长处吸光度。

$$核酸 \% = \frac{待测液中测得的核酸质量（\mu g）}{待测液中制品的质量（\mu g）} \times 100$$

🔍 思考题

1. 用该法测定样品的核酸含量，有何优点及缺点？
2. 若样品中含有蛋白质，如何排除干扰？你认为最简便的方法是什么？

实验二十四　DNA 的琼脂糖凝胶电泳

一、实验目的

学习核酸电泳的原理和优缺点，掌握琼脂糖凝胶电泳检测 DNA 技术。

二、实验原理

带电荷的物质在电场中的趋向运动称为电泳。核酸电泳是进行核酸研究的重要手段，是核酸探针、核酸扩增和序列分析等技术所不可或缺的组成部分。核酸电泳通常在琼脂糖凝胶或聚丙烯酰胺凝胶中进行，浓度不同的琼脂糖和聚丙烯酰胺可形成分子筛网孔大小不同的凝胶，可用于分离不同分子质量的核酸片段。

凝胶电泳操作简便、快速，可以分辨用其他方法，如密度梯度离心等所无法分离的核酸片段，是分离、鉴定和纯化核酸的一种常用方法。

琼脂糖是一种天然聚合的线状高聚物，是从海藻中提取出来的。将琼脂糖在所需缓冲液中加热熔化成清澈、透明的溶胶，然后倒入胶模中，凝固后将形成一种固体基质，其密度取决于琼脂糖的浓度。

将制备好的琼脂糖凝胶置于电场中，在中性 pH 下带负电荷的核酸（DNA 或 RNA）通过凝胶网孔向阳极迁移（包括电荷效应和分子筛效应），迁移速率受到核酸的分子大小、构象、琼脂糖浓度、所加电压、电场、电泳缓冲液和嵌入染料的量等因素影响。在不同条件下电泳适当时间后，不同大小、构象的核酸片段将处在凝胶不同位置上，从而达到分离的目的。琼脂糖凝胶的分离范围较广，用各种浓度的琼脂糖凝胶可分离长度为 200bp ~ 50kb 的 DNA。

三、材料、试剂与器具

1. 材料

DNA 或 DNA 酶切后的产物。

2. 器具

移液器、微波炉、制胶板、制胶槽、水平电泳槽（图 3-12）、电泳仪、样品梳、高速离心机、凝胶成像系统或紫外灯、点样板、电子天平、锥形瓶、手套。

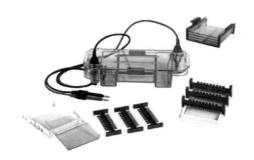

图 3-12　琼脂糖凝胶电泳系统（水平电泳槽和制胶槽）

3. 试剂

（1）10g/L 琼脂糖　琼脂糖 0.35g，0.5×TBE 35mL，轻轻摇匀，加热煮沸。

（2）1×TAE 缓冲液　40mmol/L Tris - 乙酸，1mmol/L EDTA。

（3）5×TBE 缓冲液　54g Tris，27.5g 硼酸，20mL 0.5mol/L EDTA（pH 8.0），用去离子水定容至 1000mL，灭菌备用，使用时稀释 10 倍。

（4）Goldview I 或 Goldview II　博大泰克购买。

（5）6×上样缓冲液　2.5g/L 溴酚蓝，2.5g/L 二甲苯腈 FF，400g/L 蔗糖水溶液，4℃保存。

四、实验步骤

（1）将制胶板移入制胶槽中，放置合适梳子。过程可参照图 3-13。

（2）称取 0.20g 琼脂糖（10g/L 琼脂糖），小心移入锥形瓶中，加入 0.5×TBE 电泳缓冲液 20mL，摇匀后放入微波炉中加热 30s，完全沸腾后溶液透明，加入 Goldview I 或 Goldview II 1μL，轻轻摇匀，倒入装配好的制胶槽中，胶厚 3~5mm，小心将气泡赶走或吸出。

（3）室温放置 30~45min，胶凝固后，小心拔掉点样梳，取出制胶板，置于有 0.5×TBE 电泳缓冲液的电泳槽中，加样孔位于阴极（黑棒），缓冲液要高出胶 1mm。

（4）用微量移液器在点样板上将 5μL DNA 液+2μL 6×上样缓冲液（loading buffer）充分吹吸混匀。

（5）用微量移液器在点样板上将 2μL 标记物（marker）+2μL 6×上样缓冲液（loading buffer）+8μL 0.5×TBE 缓冲液充分吹吸混匀。

（6）用微量移液器将样品和标记物（marker）（一定要加合适的 DNA 分子质量标准物）依次移入加样孔，记录点样顺序。

（7）盖上电泳槽的盖子，连接好电线和电源，注意电源正负极，确保样品向阳极移动，将电压和电流旋钮先旋至最低值。

（8）打开电源，调节好电压或电流，进行电泳，电压 5V/cm（按照两极之间距离计算），约 45V。

（9）待溴酚蓝泳动至凝胶阴阳极间 3/4，约 6cm 时关闭电源，约 40min。

（10）戴好一次性塑料手套，小心取出电泳槽，滑出凝胶，置于凝胶成像系统（325nm UV，对 DNA 损伤小，尽量减少照射时间）下观测。

（11）拍照，保存照片，结果见图 3-14。

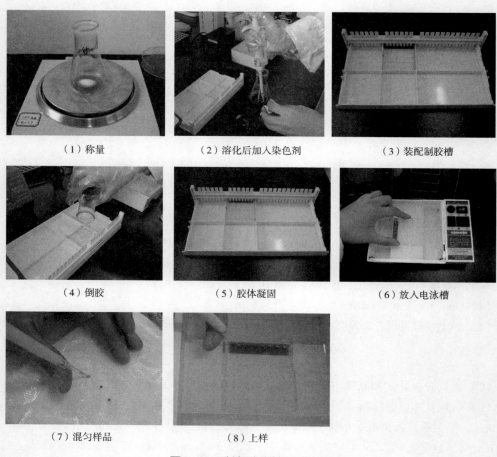

（1）称量　　　　　　　　（2）溶化后加入染色剂　　　　　　（3）装配制胶槽

（4）倒胶　　　　　　　　　　（5）胶体凝固　　　　　　　　（6）放入电泳槽

（7）混匀样品　　　　　　　　（8）上样

图 3-13　制备琼脂糖凝胶步骤

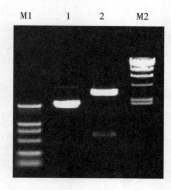

图 3-14　DNA 琼脂糖凝胶电泳图（引自 TaKaRa）

M1：DNAMarker DL2000；1：pUC118 质粒 DNA；2：pUC118/*Eco* R I+Hind Ⅲ

M2：λ DNA/*Hind* Ⅲ

五、注意事项

（1）操作时戴一次性塑料手套，避免 DNA 酶污染引起 DNA 降解。

（2）及时更换电泳缓冲液，电泳缓冲液在电泳槽中存放过久，多次使用后，离子强度降低，pH 上升，缓冲能力减弱，从而影响电泳效果。

（3）一般情况，电泳电压<20V/cm，温度<30℃；大分子质量 DNA 链电泳，温度应<15℃。

（4）电泳前样品勿受热，以免引起 DNA 变性。

（5）凝胶中 DNA 的上样量要合适，太多会引起 DNA 条带模糊，太少又会引起条带信号弱或无 DNA 带。

🔍 思考题

1. 琼脂糖凝胶电泳中 DNA 分子迁移率受哪些因素的影响？
2. 紫外线对人体有哪些危害？应该怎样进行防护？
3. 简述聚丙酰胺凝胶电泳和琼脂糖凝胶电泳的区别和优缺点。

实验二十五　纸电泳法定量分析腺苷三磷酸

一、实验目的

了解纸电泳的原理，掌握实验操作方法。

二、实验原理

带电荷的物质，在电场中向阴极或阳极移动的现象，称为电泳。妥善控制条件（如 pH 等），使试样中的不同组分带有不同的静电荷，则它们在电场中移动速度方向不同，从而达到分离鉴定这些物质的目的，这就是电泳分析法。以滤纸作支持物进行电泳分析的方法称纸电泳分析法。

工业生产的腺苷三磷酸（ATP），如果含有杂质，则大多为腺苷二磷酸，也可能有少量的其他核苷酸、核苷或氮碱等物质。通过控制 pH 可使腺苷三磷酸和这些物质所带净电荷不同，即可用电泳法将腺苷三磷酸分离出来。

腺苷三磷酸对 260nm 波长的紫外线有最大吸收。采用电泳法分离出的腺苷三磷酸，结合分光光度法即可作定量或定性测定。

三、试剂和器材

1. 试剂

（1）柠檬酸缓冲液（pH 4.8）　称取柠檬酸 8.4g，柠檬酸钠 17.6g，溶于蒸馏水，稀释至 2000mL。

（2）0.01mol/L HCl 将 1mL 浓盐酸加蒸馏水稀释至 1000mL。

2. 器材

（1）10mg/mL 的腺苷三磷酸粗品。

（2）2.5cm×24cm 滤纸，10μL 微量进样器，吸管等。

（3）751 分光光度计，电泳仪，紫外分析灯。

四、实验步骤

1. 点样

取 2.5cm×24cm 滤纸 1 条，距滤纸一端约 7cm 处，用铅笔轻轻画一基线，用点样管吸取样液 10μL。将样液轻轻点在滤纸基线上，用吹风机吹干。吹干后用缓冲液将纸条喷湿。

2. 电泳

电泳槽两端贮液槽内都注以 pH 4.8 柠檬酸缓冲液，将滤纸条放于电泳槽桥面上，点样端置负极，另一端置正极，两端紧贴于桥框，下缘浸入缓冲液中，注意要放平，然后加盖，接通电源，调节电压到 400V，45min 后切断电源，取出滤纸条，挂在架上，置 50℃烘箱内烘干或用电吹风吹干。将滤纸条在紫外分析灯下观察，用铅笔画出有紫外吸收（蓝紫色）区带位置，根据腺苷三磷酸的特性，确定滤纸上哪个斑点是腺苷三磷酸。

3. 洗脱

取 2 支清洁干燥的小试管，标以 0 和 1 号。将一条滤纸上的腺苷三磷酸斑点剪下，再剪成宽约 1mm 的细条，放在 1 号试管内。另在滤纸条的无斑点处剪一和腺苷三磷酸斑点大小相仿的滤纸，也同法剪成细条，放在 0 号试管内，作为空白试验。

向上述 2 支试管内各加 5.0mL 0.01mol/L HCl 溶液浸提滤纸条，40℃保温 1h。将腺苷三磷酸洗脱下来。浸提期间，经常摇动试管。

4. 测定

将试管内浸提液分别倒入 2 只石英比色皿中（如有过多的滤纸纤维，将影响测定结果，需过滤后再测定），以 0 号试管的浸提液调零（$A_{260}=0$），测定 1 号试管浸提液 A_{260}，按式（3-17）计算样品中腺苷三磷酸百分含量。

$$腺苷三磷酸\% = (A_{260}/E_{260ATP} \times M_{ATP} \times 5)/样品浓度 \times V \times 100\% \qquad (3-17)$$

式中　E_{260ATP}——腺苷三磷酸分子消光系数，14.3×10^3；

　　　M_{ATP}——腺苷三磷酸相对分子质量，551；

　　　　V——取样量，mL。

注：如所测为 ATP·2Na·3H$_2$O，则 $M_{ATP}=605$

附：751 分光光度计简介及其操作步骤。

由于本实验要使用的 751 分光光度计是一种比较贵重的仪器，在使用前一定要结合老师讲解，严格按照操作步骤进行测定。

751 分光光度计的波长范围为 200~1000nm，可测定各种物质在紫外区、可见光区及近红外区的吸收光谱。光学系统采用单光束自准式光路，在波长 320~1000nm 范围内用白炽钨丝灯作光源，在 200~320nm 范围内用氢灯作光源。单色光部件由狭缝、准直镜等部件组成。入射狭缝和出射狭缝安置在同一狭缝机构上，可以同时关闭，狭缝宽度从 0~2mm 可连续调节。准直镜是半径为 1000mm 的球面镜，由准直镜反射的平行光，照亮整个棱镜面。棱镜是由石英材料制成的，对可见光和紫外光的吸收很少，几乎完全透明，光学系统中的透镜也是石英制成，适宜于紫外光区使用。光电管暗盒内装有紫敏光电管和红敏光电管，还有微电流放大器，用以将光能转变为电能。紫敏光电管对紫光灵敏，波长为 200~625nm，红敏光电管对红光灵敏，使用波长为 625~1000nm。

751 分光光度计操作步骤：

（1）打开仪器电源预热 10min 左右，使仪器稳定工作。

（2）选择相应波长的光源灯、比色皿和光电管。

（3）灵敏度旋钮从左面"停止"位置顺时针方向旋转 3~5 圈。

（4）将选择开关拨到"校正"处。

（5）调节波长刻度到所需的波长。

（6）调节暗电流使电表指针到"0"。为了得到较高的正确度，每测量一次，暗电流分别校正一次。

（7）将空白溶液放在比色皿架的第一格，其他三只放待测溶液。盖上暗盒盖，使空白溶液对准光路。

（8）打开选择开关到"×1"上，拉开暗电流闸门，使单色光进入光电管。

（9）调节狭缝，大致使电表指针到"0"位，而后用灵敏度旋钮细调，使指针正确地指"0"位。

（10）轻轻拉动比色皿拉杆，使第一只待测溶液对入光路，这时电表指针偏离"0"位。

（11）旋转读数电位器，使电表指针重新指到"0"位，这时读数电位器上所指 E 值即待测溶液的吸光度。接着拉动拉杆，使第二只比色皿对入光路，按相同方法读出 E 值。

（12）在指针平衡后，要将暗电流闸门重新关上，以便保护光电管，勿使受光太长而疲劳。

（13）当选择开关放在"×1"时，透光率从 0~100%，消光度从 ∞~0。当透光率小于 10%，可选用"×0.1"的选择开关，使获得较精确的数值，此时读出的透光率数值要除以 10，而相应的吸光度应加上 1。

🔍 **思考题**

1. 影响电泳迁移率的因素有哪些？

2. 纸层析与纸电泳有何异同？

实验二十六　葡聚糖凝胶层析法测定蛋白质的相对分子质量

一、实验目的

1. 了解凝胶层析的基本原理。

2. 学习用葡聚糖凝胶层析法测定未知蛋白质的相对分子质量的基本方法。

二、实验原理

凝胶层析（gel chromatography）是 20 世纪 60 年代发展起来的一种分离分析方法。该法有许多同义词，如凝胶过滤、分子排阻层析、分子筛层析、凝胶渗透层析等。葡聚糖凝胶（sephadex）层析法测定蛋白质相对分子质量的原理，主要是依据这种凝胶具有分子筛作用，一定型号的凝胶具有大体上一定大小的孔径。在一定的凝胶柱内，凝胶孔隙所占的体积称为内水体积 V_i，凝胶颗粒间的自由空间所占的体积称为外水体积 V_0。当样品流经凝胶柱时，大于孔隙的大分子完全不渗入到凝胶内部，只需 V_0 体积的洗脱液便可将其由一端洗脱到另一端；相反，如果样品体积小于孔隙，则需要 V_0+V_i 体积的洗脱液，才能将它们由一端洗脱到另一端。中等分子（分子大小在上述两种极限之间）所需洗脱液体积介于两者之间，$V_e = V_0 + K_d V_i$（$0<K_d<1$）。

K_d 为分配系数，它表示一种物质在孔隙内的渗透程度，相当于这种物质在孔隙内所占体积和孔隙总体积的比值。

$$K_d = \frac{V_e - V_0}{V_i}$$

如果假定蛋白质分子近于球形，同时没有显著的水合作用，则不同大小相对分子质量的蛋白质，进入凝胶筛孔的程度不同，其洗脱体积决定于分子大小。当蛋白质相对分子质量在 10000~15000 时，蛋白质在葡聚糖凝胶柱上层析的洗脱体积和相对分子质量的对数呈直线关系。若用已知相对分子质量的标准蛋白质在一定型号葡聚糖凝胶柱上层析，精确测其洗脱体积，并以洗脱体积 V_e 对相对分子质量的对数 logMW 作图，可获得一条标准曲线。未知相对分子质量的蛋白质在相同条件下层析，根据其洗脱体积即可在标准曲线上求得相对分子质量。

三、材料、试剂和器具

1. 材料和试剂

（1）洗脱液（0.1mol/L KCl-0.05mol/L Tris-HCl 缓冲液，pH 7.5）　称取 12.12g Tris，15g KCl，先用少量去离子水溶解，再加入 6.67mL 浓 HCl，用去离子水定容至 2000mL。

（2）蓝色葡聚糖 2000。

（3）葡聚糖 Sephadex G-100。

（4）N-乙酰酪氨酸乙酯饱和溶液（以洗脱液饱和）。

（5）牛血清白蛋白。

（6）卵清蛋白。

（7）细胞色素 c。

（8）核糖核酸酶。

（9）层析柱（2.6cm×60cm）。

2. 器具

紫外检测仪，自动分部收集器，试管。

四、实验步骤

1. 溶胀凝胶

取 Sephadex G-100 15g，加 500mL 蒸馏水室温溶胀 3d（或沸水浴中溶胀 5h，这样可大大缩短溶胀时间，而且还可杀死细菌和排除凝胶内部的气泡。溶胀过程中注意不要过分搅拌，以防颗粒破碎），凝胶颗粒要求大小均匀，流速稳定。待溶胀平衡后，倾去上层清液，包括细颗粒，然后再放些蒸馏水搅乱，静置使凝胶下沉，再倾去上层清液，至无细颗粒为止。溶胀平衡和漂洗净的凝胶经减压抽气除去气泡，即可准备装柱。

2. 装柱

取 2.6cm×60cm 层析柱一根，底部用玻璃纤维或砂芯滤板衬托，并要求滤板下的体积尽可能小（否则被分离的组分间重新混合的可能性就大，其结果影响层析的灵敏度，降低分离效果）。在砂芯滤板上覆盖一张大小与柱的内径相当的快速滤纸片。将柱垂直置于铁架台上，然后在柱顶通过橡皮塞连接一长颈漏斗（漏斗颈直径约为柱直径的一半）。在柱中加水或洗脱液，并赶净滤板下方气泡，使支持滤板底部完全充满液体，然后将柱的出口关闭。把已经溶胀好的凝胶用等体积的洗脱剂调成薄浆，从漏斗倒入柱内，胶粒逐渐扩散下沉，薄浆连续加入。

当沉积的胶床至 2~3cm 高时，打开柱的出口，并注意控制操作压以均匀不变的流速直到胶装完（约 70cm）为止。柱装好后，在胶床的上面盖上一张大小略小于柱内径的滤纸片，以防止样品中一些不溶物质混入胶床中。再以洗脱液平衡柱层，直至层析的胶床高不变为止。装柱要求连续，均匀，无气泡，无"纹路"。柱装得是否均匀，可用蓝色葡聚糖上柱检验；如果色带均匀下移，说明柱子已装好，可以使用。

层析柱的流速可借操作压即进出口液面的高度差来控制。凝胶床受操作压的影响极为明显。增加操作压虽能增加流速，但时间长久后，凝胶被压紧反而使流速减慢。各类凝胶能耐受的最大压力见表 3-21。

表 3-21 不同类型葡聚糖凝胶耐受的最大压力

型号	压力极限/KPa
G-200	1.33
G-180	4.65
G-75	6.65
G-50~G-10	>13.3

3. 上样

称取 0.5mg 蓝色葡聚糖 2000（相对分子质量 200 万以上）四份，分别放在称量瓶中，再称取标准蛋白牛血清白蛋白（相对分子质量 68000）、卵清蛋白（相对分子质量 43000）、核糖核酸酶（相对分子质量 13700）、细胞色素 c（相对分子质量 11700）各 10mg，分别放在各称量瓶中；各瓶加入 N-乙酰酪氨酸乙酯饱和溶液 0.5mL，使混合物溶解后分别上柱。

样品上柱是实验成败的关键之一，若样品稀释或上柱不均，会使区带扩散，影响层析效果。上样时应尽量保持床面的稳定。先打开柱的出口，待柱中洗脱液流至距床表面 1~2mm 时，关闭出口，用滴管将样品慢慢地加至柱床表面，打开出口并开始计算流出体积，当样品渗入柱床中接近柱床表面 1mm 时关闭出口，同时加样品时小心地加入少量洗脱液，再打开柱的出口，使柱床表面的样品也全部渗入柱内。这时样品已加好，在柱床的表面再小心地加洗脱液，使高出柱床表面 3~5cm，接上恒压洗脱瓶，调节操作压在 30cm 水柱高以内。

4. 收集和鉴定

层析开始，在柱的出口处以试管分管收集流出液（开始时可用量筒，至 80mL 以后开始 4mL/管分管收集），收集液在 751 分光光度计 280nm 处测吸光度值。最高的一个吸光度值时的体积即为吸收峰的洗脱体积 V_e。当 N-乙酰酪氨酸乙酯洗脱峰出现后（此峰洗脱体积不必记录）；按同样的方法进行第二个标准蛋白质样品的上柱，操作方法和步骤同前。

将各标准蛋白质测得的洗脱体积 V_e 对它们的相对分子质量对数作图，则应获得一线性的标准曲线。为了结果可靠，应以同样条件重复 1~2 次，取 V_e 的平均值作图。

5. 凝胶柱的处理

一般凝胶用过后，反复用蒸馏水通过柱（2~3 倍床体积）即可，若凝胶有颜色或比较脏，需用 0.5mol/L NaCl 洗涤，再用蒸馏水洗涤。冬季一般放 2 个月无长霉情况，但在夏季如不用，要加入 0.2g/L 的叠氮化钠防腐。

五、注意事项

（1）根据层析柱的体积和所选用的凝胶溶胀后柱床体积，计算所需凝胶干粉的质量，以将用作洗脱剂的溶液使其充分溶胀。

（2）层析柱粗细必须均匀，柱管大小可根据试剂需要选择。一般来说，细长的柱分离效果较好。若样品量多，最好选用内径较粗的柱，但此时分离效果稍差。柱管内径太小时，会发生"管壁效应"，即柱管中心部分的组分移动慢，而管壁周围的移动快。柱越长，分离效果越好，但柱过长，实验时间长，样品稀释度大，分离效果反而不好。

对于脱盐的柱一般都是短而粗，柱长（L）/直径（D）<10；对分级分离用的柱，L/D 值可以比较大，对很难分离的组分可以达到 $L/D = 100$，一般选用内径为 1cm，柱长 100cm 即可。

（3）各接头不漏气，连接用的小乳胶管不要有破损，否则造成漏气、漏液。

（4）装柱要均匀，不要过松也不要过紧，最好也在要求的操作压下装柱，流速不宜过快，避免因此而压紧凝胶。但也不要过慢，使柱装得太松，导致层析过程中，凝胶床高度下降。

（5）始终保持柱内液面高于凝胶表面，否则水分挥发，凝胶变干。

（6）样品溶液的浓度和黏度要合适。浓度大，自然黏度增加。一个黏度很大的样品上柱后，样品分子因运动受限制，影响进出凝胶孔隙，洗脱峰形显得宽而矮，有些可分离的组分也因此重叠。

（7）洗脱用的液体应与凝胶溶胀所用液体相同，否则，由于更换溶剂引起凝胶体积变化，从而影响分离效果。

（8）使用部分收集器时，将其转盘调节到最外圈，从第一管开始，否则会造成转换臂的转动与转盘不同心，以致洗脱液流到管外。

🔍 思考题

根据实验中遇到的各种问题，总结本实验的经验与教训。

实验二十七　酶联免疫吸附实验（ELISA）测定乳汁中孕酮含量

一、实验目的

通过对乳汁中孕酮含量的测定，掌握酶联免疫吸附实验（ELISA）的原理和主要技术，了解三大标记技术的异同及各自的主要应用。

二、实验原理

ELISA 是酶联接免疫吸附剂测定（enzyme-linked immunosorbnent assay）的简称，它是继免疫荧光和放射免疫技术之后发展起来的一种免疫酶技术。此项技术自 20 世纪 70 年代问世以来，发展十分迅速，目前已被广泛应用于生物学和医学科学的许多领域。ELISA 是以免疫学反应为基础，利用抗原、抗体的特异性反应与酶对底物的高效催化作用的特点，具有生物放大作用，所以反应灵敏，可检出浓度在 ng 水平。该技术原理是通过化学的方法将酶与抗体（或抗原）结合，形成酶标记物（或通过免疫学的方法将酶与抗酶结合，形成免疫复合物），再与相应的抗原（或抗体）发生反应，形成酶标记的免疫复合物，此时加入酶底物和显色剂，结合在免疫复合物上的酶，在遇到相应的底物后，形成有色产物，呈现显色反应，液体显色的强弱和酶标记抗体−抗原复合物的量成正比，借此反映出待检测的抗原或抗体的量。

抗原+抗体＝抗原−抗体+底物→不显色

↓

酶标记抗原+抗体＝酶标记抗原−抗体+底物→显色

在免疫反应部分，抗原−抗体的亲和力、抗原和半抗原的性质、测定方法的实验条件、酶标记物的性质等因素影响反应的敏感性。在酶学反应部分，酶的浓度、底物的浓度、反应 pH 和温度、酶的抑制剂和激活剂等因素也影响反应的敏感性。

酶联免疫吸附实验中所使用的试剂都比较稳定，按照一定的实验程序进行测定实验结果重复性较好，有很高的准确性。酶联免疫吸附法成本低，操作简便，可同时快速测定多个样品，不需要特殊的仪器设备。ELISA 法测定技术与其他技术结合发展成为专门的分析方法，如与电泳技术结合的免疫印迹技术，与层析技术结合的层析−ELISA 技术等已成为生物实验室的常规技术。

三、材料、试剂与器具

1. 器具

聚苯乙烯酶标板（平板，48 或 96 孔），酶联免疫检测仪。

2. 材料和试剂

（1）发情奶牛鲜乳。

（2）孕酮抗血清　用 11α-孕酮-牛血清白蛋白（11α-P_4-BSA）免疫家兔而得，效价在 $1:10^4$ 以上。

（3）标准孕酮　用脱激素乳将标准孕酮稀释为一系列不同的浓度，如 $0.125\mu g/mL$、$0.25\mu g/mL$、$0.5\mu g/mL$、$1\mu g/mL$、$2\mu g/mL$、$4\mu g/mL$、$8\mu g/mL$。

（4）酶标孕酮　即孕酮-辣根过氧化物酶结合物（P-HRP），稀释大于 $1：10^6$ 以上。

（5）包被液　$0.05mol/L$ pH 9.6 碳酸缓冲液，4℃保存，Na_2CO_3 0.15g，$NaHCO_3$ 0.293g，蒸馏水稀释至 100mL。

（6）稀释液　$0.01mol/L$ pH 7.4 PBS-Tween20，4℃保存，NaCl 8g，KH_2PO_4 0.2g，$Na_2HPO_4 \cdot 12H_2O$ 2.9g，Tween20 0.5mL，蒸馏水加至 1000mL。

（7）洗涤液　同稀释液。

（8）邻苯二胺溶液（底物）　临用前配制 $0.1mol/L$ 柠檬酸（2.1g/100mL），6.1mL，$0.2mol/L$ $Na_2HPO_4 \cdot 12H_2O$（7.163g/100mL）6.4mL，蒸馏水 12.5mL，邻苯二胺 10mg，溶解后，临用前加 30% H_2O_2 40μL。

（9）终止液　$2mol/L$ H_2SO_4。

（10）脱激素（孕酮）乳　新鲜发情牛乳通过葡聚糖凝胶包被的活性炭吸附而得。以 5.0g 活性炭和 0.5g 葡聚糖凝胶（G25）溶于 250mL 不含 BSA 的测定缓冲液，磁力搅拌器搅拌 30min，成为用葡聚糖凝胶包被的活性炭（DCC），取 DCC 一份，加等量乳样，3000r/min 离心 10min，取上清液即为脱激素乳。

四、实验步骤

1. 制作孕酮抗血清稀释度曲线及孕酮抗血清工作浓度的选择

将孕酮抗血清稀释成不同的浓度，包被同一酶标板的不同孔眼后，测其吸光度，选择最适抗血清稀释工作浓度。随着抗血清浓度的下降，吸光度也随之下降，一般初选吸光度值在 1.0 左右时的稀释度为孕酮抗血清的工作浓度。

2. 制作酶标孕酮稀释曲线及酶标孕酮工作浓度的选择

以初选的抗血清稀释度包被酶标板，将酶标孕酮稀释成不同的浓度，绘出酶标孕酮稀释曲线，选择斜率最大并有一定吸光度值的稀释度为工作浓度。

3. 酶联免疫分析的操作步骤

按表 3-22 程序进行：

（1）加孕酮抗体　酶标板第一纵列为空白，加包被液 200μL 作为参比孔，其他各列均加 200μL 最适稀释度的孕酮抗血清，置 4℃冰箱过夜。

（2）冲洗未吸附的游离抗体　取出包被 28h 以上的酶标板，吸去孔内液体，用冲洗液冲洗 3 次，吸干。

（3）加待检乳样或标准孕酮　在空白孔和 0 标准孔中加 100μL 脱激素（孕酮）乳，其他标准孔中每孔加 100μL 的标准孕酮，样品孔中加 5 倍稀释的脱脂乳样 100μL，每个样品至少 2 个重复。

（4）加酶标孕酮　每孔加以所选最适合浓度的酶标孕酮 100μL。

（5）温育酶标板　置 37℃恒温箱 3h。

（6）冲洗未结合的孕酮　同步骤（2）。

（7）显色反应　每孔加 200μL 新鲜配制的底物溶液，室温放置 45~60min，或 37℃恒温箱 30min，让其充分显色。

（8）终止反应　每孔加 50μL 的终止液终止酶促反应。

（9）检测　用酶标测定仪检测波长 450nm 处的吸光度（A_{450nm}）。

包被抗原：用包被液将抗原作适当稀释，一般为 1~10μg/孔，每孔加 200μL，37℃温育 1h 后，4℃冰箱放置 16~18h。

（10）计算　测得样品的吸光度或结合率（占 0 管吸光度的百分比），从标准曲线上直接查到孕酮含量。

表 3-22　　　　　　　　　　牛乳孕酮酶联免疫测定程序表　　　　　　　　　单位：μL

	空白孔（N）	标准孔浓度/（pg/mL）									样品孔（S）
		0	0.125	0.25	0.5	1.0	2.0	4.0	8.0	16.0	
包被液（4℃）	200										
最适抗血清稀释浓度		200	200	200	200	200	200	200	200	200	200
4℃冰箱 28h 以上 用冲洗液冲洗 3 次，吸干											
脱激素乳	100	100									
标准孕酮			100	100	100	100	100	100	100	100	
5 倍稀释乳											100
酶标孕酮	100	100	100	100	100	100	100	100	100	100	100
置 37℃恒温箱温育 3h 用冲洗液冲洗 3 次，吸干											
底物溶液	200	200	200	200	200	200	200	200	200	200	200
终止液	50	50	50	50	50	50	50	50	50	50	50

五、实验结果

绘制标准曲线图，并报告样品测定结果。

六、注意事项

（1）应分别以阳性对照和阴性对照控制实验条件，待检样品应一式二份，以保证实验结果的准确性。有时本底较高，说明有非特异性反应，可采用羊血清、兔血清或 BSA 等封闭。

（2）乳样中含有干扰测定的物质，因此标准样品用脱激素乳稀释。

（3）免疫反应温度不能超过 40℃，要求取样准确。

（4）底物液一定要在临用前现配。

🔍 思考题

请查阅相关文献，指出 ELISA 有哪几种常用方法？各种方法在操作上有什么异同？应用有什么异同？

实验二十八　血清蛋白质的层析分离
——血清 γ-球蛋白的分离纯化（分子筛层析法）

一、实验目的

掌握分子筛层析法的原理，通过血清蛋白的层析分离，学习分子筛层析的实验操作。

二、实验原理

利用硫酸铵分段盐析将血清中的 γ-球蛋白与清蛋白、α-球蛋白、β-球蛋白等加以分离，再用凝胶过滤法除盐即可得到比较纯的 γ-球蛋白。

三、试剂和器材

1. 器材

玻璃层析柱（$1.0cm \times 12cm$）、圆形尼龙布（直径 $1.5cm$）、凹孔白瓷板、试管、离心管、烧杯、滴管、螺旋夹等。

2. 试剂

（1）血清。

（2）磷酸盐缓冲液-生理盐水（PBS）　用 $0.01mol/L$ 磷酸盐缓冲液配制的 $9g/L$ NaCl 溶液。配制方法如下：

$$\left.\begin{array}{l} 0.2mol/L\ Na_2HPO_4\ 72mL \\ 0.2mol/L\ NaH_2PO_4\ 28mL \end{array}\right\} 混匀后稀释 20 倍$$

（3）pH 7.2 饱和硫酸铵溶液　用氨水将饱和硫酸铵溶液调到 pH 7.2。

（4）葡聚糖凝胶 G-50（Sephadex G-50）。

（5）纳氏试剂（Nessler's reagent）

①储存液：于 500mL 锥形瓶内加碘化钾 150g，蒸馏水 100mL，溶解后加碘 110g，振摇至溶解后再加汞 150g，连续振摇 7~15min。在此过程中，碘的颜色渐浅并发热，可在冷水浴中连续振摇到溶液由棕红色（碘色）转变成浅黄绿色（碘化钾汞色）为止。将上清液倒入 2L 量筒内，并用蒸馏水洗锥形瓶内沉淀物数次，洗液全部倒入量筒内，再加水至 2L 后混匀。

②应用液：取储存液 150mL 加 100g/L NaOH 溶液 700mL、蒸馏水 150mL 混匀，放棕色瓶内静置数日后取上清液使用。此液要求酸碱度适宜。即与 1.0mol/L HCl 滴定时需此试剂 11.0~11.5mL 使酚酞指示剂变色为宜，否则需加以纠正。

（6）双缩脲试剂　$CuSO_4 \cdot 5H_2O$ 0.39g，酒石酸钾钠 1.2g 分别溶于 50mL 蒸馏水中，加 2.5mol/L NaOH 60mL，碘化钾 0.2g，混匀后加水至 200mL。

四、实验步骤

1. 盐析

（1）血清 1mL 放入离心管中，加入磷酸盐缓冲液-生理盐水（PBS）1mL 混匀，逐滴加入 pH 7.2 饱和硫酸铵溶液 1mL，边加边摇匀。静置 30min 后，离心 3 000 r/min 10min，倾上清液（上清液中主要含清蛋白）。

（2）将离心管中的沉淀用 1mL PBS 搅拌溶解，再逐滴加入 pH 7.2 饱和硫酸铵溶液 0.5mL，边加边摇匀。静置 30min 后，离心 3 000r/min 10min。倾上清液（上清液中主要含 α-球蛋白、β-球蛋白）。

2. 脱盐

（1）装柱　称取葡聚糖凝胶 G-50 1g，放入 100mL 烧杯中，加蒸馏水 50mL，微火煮沸 1h（注意需随时补充蒸馏水以免蒸干）。冷却后倾弃上清液。再加入 PBS 10mL，用玻璃棒轻轻搅拌，倾入有尼龙布堵住下口的玻璃层析柱内。于柱下口接一小段胶管，待全部凝胶倾入柱内且液面接近凝胶上表面时将出口胶管夹紧。为使凝胶表面平坦，可用手指轻轻弹动层析柱，然后小心放松调节夹，使液体缓缓流出（8~10 滴/min）。同时检查流出液中是否有 NH_4^+ 存在，若有则需用 PBS 洗至流出液中无 NH_4^+ 为止。当液面恰好与凝胶表面重合时，立即将出口胶管夹紧，装柱即结束（注意：液面不得低于凝胶表面，且柱内不得有气泡）。

（2）脱盐　向装有 γ-球蛋白的离心管内加入 PBS 10 滴，用玻璃棒搅拌使之溶解。再用乳头吸管吸出 γ-球蛋白液，加到层析柱内凝胶表面。然后稍打开流出口，使流速为 8~10 滴/min。待 γ-球蛋白液全部进入凝胶柱内时，再用乳头吸管小心加入 PBS 约 1cm 高，待大部分液体进入凝胶柱后，再继续加 PBS 直至洗脱完毕（加液时注意不要冲击凝胶表面）。在整个洗脱过程中不能让液面降至凝胶面以下。

（3）收集　准备 12 只小试管用于收集流出液。从加样后开始，每管收集 1mL。收集 12 管后继续用 PBS 洗至无 NH_4^+ 时，停止洗脱。回收凝胶和尼龙布等。

（4）检测　准备反应板两块。将 12 管收集液各取 1 滴分别放入反应板的 12 个凹孔。一块板的各孔内加纳氏试剂 1 滴，有 NH_4^+ 者呈黄色至橙色。可用"＋""－"表示有无呈色或颜色深浅。再向另一块板的各孔内加双缩脲试剂 1 滴，有蛋白者呈蓝紫色。也可用"＋""－"表示有无呈色或颜色深浅。将呈色最深的一管收集液保留供实验二十九使用。利用实验二十九醋酸纤维素薄膜电泳检测本次实验所提 γ-球蛋白的纯度。

五、注意事项

（1）柱填充要均一，决不能出现气泡。在装柱时候要缓慢倒入凝胶，并轻轻敲打柱身赶走气泡。

（2）柱上表面要平，平衡柱时间要长一些，让凝胶充分沉积为均一的柱床。

（3）上样体积要少，因此最好浓缩样品。

（4）柱床上表面不能干燥，要有 1~2cm 流动相覆盖。

思考题

1. 分子筛层析分离大分子物质的原理是什么？
2. 制备合格的分子筛凝胶柱应该注意哪几点？

实验二十九　血清蛋白质的电泳分离
——醋酸纤维素薄膜电泳

一、实验目的

了解醋酸纤维素薄膜电泳的原理，学会血清蛋白质的薄膜电泳操作方法。

二、实验原理

带电粒子在电场中向着与其电性相反方向移动的现象称为电泳。蛋白质为两性电解质，在不同 pH 条件下，其带电情况不同。在等电点时，蛋白质为兼性离子，其实效电荷为零，在电场中不发生泳动；蛋白质分子在 pH 小于其等电点的溶液中，呈碱式解离，带正电荷，在电场中向负极泳动；蛋白质分子在 pH 大于其等电点的溶液中，呈酸式解离，带负电荷，在电场中向正极泳动。泳动速度除与电场强度和溶液性质有关外，主要决定于分子颗粒的电荷量以及分子的大小与形状。电荷较多、分子较小的球状蛋白质泳动较快。

醋酸纤维素薄膜电泳是利用醋酸纤维素薄膜做固体支持物的电泳技术。与纸上电泳相似，是在其基础上发展起来的。该电泳技术具有比纸电泳电渗小、分离速度快、样品用量小（可少于 10uL），而分辨率高和分离清晰等优点。因此，从 1956 年 Kohn 首先应用此法以来，纸电泳已逐渐被取代。醋酸纤维素薄膜电泳的操作方法除比琼脂电泳、淀粉胶电泳和聚丙烯酰胺凝胶电泳简便外，还有一个显著优点，即染色后的薄膜可用乙醇和冰乙酸溶液浸泡透明，透明后的薄膜便于保存和定量分析。

醋酸纤维素薄膜可用于一般血清蛋白电泳、脂蛋白电泳、同工酶电泳、甲胎球蛋白电泳（AFP）、血红蛋白电泳以及免疫电泳等。

本实验以醋酸纤维素薄膜作为支持物，于浸有缓冲液的薄膜一端加微量血清，膜两端连接于缓冲液。所用缓冲液的 pH 为 8.6，大于血清中各种蛋白质的等电点。因此，各种蛋白质皆带负电荷，在电场中向正极方向泳动，因泳动速度不同而被分离。依次为清蛋白 A、α_1-球蛋白、α_2-球蛋白、β-球蛋白和 γ-球蛋白，将蛋白质染色后，可按染色区带位置进行定性观察，也可对各条色带进行定量测定。

三、器材和试剂

1. 器材

电泳仪、醋酸纤维素薄膜（2cm×8cm）、点样板、铅笔、尺。

2. 试剂

（1）巴比妥缓冲液（pH 8.6，离子强度 0.06mol/L）　巴比妥钠 12.76g，巴比妥 1.66g

加蒸馏水数百毫升，加热溶解后再补加蒸馏水至 1000mL，混匀。

（2）染色液　氨基黑 10B 0.5g，溶于甲醇 50mL 中，再加冰乙酸 10mL，蒸馏水 40mL 混匀。

（3）漂洗液　甲醇（或 95% 乙醇）45mL，冰乙酸 5mL，蒸馏水 50mL 混匀。

（4）洗脱液　0.4mol/L NaOH 溶液。

（5）透明液　95% 乙醇 20mL，冰乙酸 5mL 混匀。

四、实验步骤

1. 准备

电泳槽内放适量的缓冲液，于两端的液槽间放一充满缓冲液的连通管，经过一定时间使两侧液面达到平衡后，取下连通管。在电泳槽两侧的支持板上分别用四层滤纸（或纱布）搭桥，即使其一端搭到支持板上，另一端浸入缓冲液中。在醋酸纤维素薄膜（2cm×8cm）的无光泽面距一端 2cm 处，用铅笔画一横线（与此端平行），作为准备点样的位置，称为点样线或者是起点线。把膜放进 pH 8.6 的巴比妥缓冲溶液中浸泡数小时使膜完全浸透。

2. 点样

把浸透缓冲液的醋酸纤维素薄膜取出，夹到滤纸中，轻抚使吸去多余的缓冲液，使膜的无光泽面向上，把微量样品［血清、γ-球蛋白提纯液、A 液、B 液等（见前述实验内容）］分别均匀地涂匀于盖玻片的一端，把玻片竖直轻贴到膜的点样线上，使样品吸入膜内。注意应使点样线成为粗细一致的直线状。

3. 电泳

把膜放进电泳槽内，注意要把膜的点样面即无光泽面向下，点样端靠近阴极侧，把膜的两端紧贴到内侧支持板上搭桥的滤纸或纱布上，把膜摆平拉直，盖好电泳槽盖。

检查电泳槽电极的连接，正确无误后通电，调节电流按总膜宽计算，每厘米宽给电流 0.4~0.6mA，通电时间 45~60min。

4. 染色

关闭电源后立即将膜取出，放入染色液中浸染 5~10min，然后移放漂洗液中漂洗数次，至蛋白条带清晰，本底无色为止，取出薄膜用滤纸吸干。

5. 定量

把漂洗干净的膜夹在滤纸中吸干，剪下各蛋白区带及一段平均大小的空白区，分别依次放入试管中，标清管号，向清蛋白管加 0.4mol/L NaOH 10mL，其余各管加 0.4mol/L NaOH 5mL，轻轻振摇，使着色完全洗脱于溶液中，在 620nm 波长处比色，记取各管吸光度。然后计算各组分相对百分含量。计算方法如下：

设测得各管吸光度为 A_A、A_{α_1}、A_{α_2}、A_β、A_γ，则吸光度总和 $A_T = 2A_A + A_{\alpha_1} + A_{\alpha_2} + A_\beta + A_\gamma$。

清蛋白 $\% = \dfrac{2A_A}{A_T} \times 100$，$\alpha_1$-球蛋白 $\% = \dfrac{A_{\alpha_1}}{A_T} \times 100$，其余类推，可分别求出各蛋白所占总蛋白的百分数。

另外，如用光密度计扫描，需要先使膜透明化，可把染色后干燥的薄膜放入透明液中 10~20min，取出放到玻璃板上晾干，得到透明薄膜，可用光密度计扫描描记出电泳曲线，也可据此计算出各蛋白组分的百分含量。

注：

1. 血清蛋白各组分的等电点、相对分子质量及其在正常血清中的百分含量见表 3-23。

表 3-23　血清蛋白各组分的等电点、相对分子质量及其在正常血清中的百分含量

	等电点	相对分子质量	占总蛋白的比例/%
清蛋白	4.64	69 000	57~72
α_1-球蛋白	5.06	200 000	2~5
α_2-球蛋白	5.06	300 000	4~9
β-球蛋白	5.12	90 000~150 000	6.5~12
γ-球蛋白	6.85~7.3	156 000~950 000	12~20

2. 血清蛋白电泳有一定的临床意义。例如肝硬化时清蛋白明显降低，而 γ-球蛋白可增高 2 倍；肾病综合征和慢性肾小球肾炎可见到清蛋白降低，α-球蛋白和 β-球蛋白增高。从电泳谱上也可查出某些异常，例如多发性骨髓瘤病人血清，有时在 β-球蛋白与 γ-球蛋白之间出现巨球蛋白；原发性肝癌病人血清在清蛋白与 α_1-球蛋白之间可见到甲胎蛋白。

🔍 **思考题**

1. 电泳后，泳动在最前面的是何种蛋白质？各谱带为何种成分？请分析原因。
2. 电泳时，点样端置于电场的正极还是负极，为什么？

实验三十　脲酶的凝胶过滤分离纯化

一、实验目的

掌握凝胶过滤层析的原理及操作方法。

二、实验原理

脲酶（urease）相对分子质量较大（490 000），当脲酶粗制品通过交联葡聚糖 Sephadex G-200 层析柱时，此酶本身不易进入凝胶颗粒的网络内，而其他小分子物质及相对分子质量较小的蛋白质可扩散进入凝胶颗粒。因此，用蒸馏水作为洗脱液，相对分子质量大的脲酶首先被洗脱下来，从而达到与其他物质分离的目的。定时或定量收集洗脱液，分别在紫外分光光计 280nm 波长测定其吸光度，以 280nm 的吸光度为纵坐标，收集管号为横坐标，绘出脲酶粗制品蛋白质分离的洗脱曲线，再分别测定洗脱峰内各管的脲酶活力，以酶活力为纵坐标，收集管号为横坐标，绘出酶活力曲线。酶活力与蛋白质洗脱曲线中峰值重叠的部位即为分离所得到的脲酶所在部位。

脲酶活力测定是根据脲酶催化尿素水解释放出氨和 CO_2 的原理。

$$(NH_2)_2CO + H_2O \xrightarrow{\text{脲酶}} 2NH_3 + CO_2$$

用 Nessler 试剂使氨显色来比色测定，从而计算脲酶活力。

$$NH_4OH + 2(HgI_2 \cdot 2KI) + 3NaOH \rightarrow NH_2Hg_2OI + 4KI + 3NaI + 3H_2O$$

Nessler 试剂　　　　　　黄色化合物（碘代双汞铵）

三、材料及试剂

（1）30g/L 尿素溶液　称取 3g 尿素溶于 100mL 去离子水中。

（2）pH 6.8 0.1mol/L 磷酸缓冲液　称取 11.18g $K_2HPO_4 \cdot 3H_2O$ 和 6.9g KH_2PO_4 溶于 100mL 蒸馏水中。

（3）1mol/L HCl　将 12mol/L 的浓盐酸用蒸馏水稀释 13 倍即成。

（4）Nessler 试剂　在 500mL 锥形瓶中加入 180g 碘化钾和 100g 碘，加水 100mL 及金属汞 140~150g。剧烈振摇瓶中的内容物，使起反应，7~15min 至碘的颜色接近消失。以流水冷却锥形瓶，继续振摇，直至溶液呈黄绿色，把溶液倾出倒入大烧杯中，以蒸馏水（无离子）洗涤锥形瓶内的汞，将洗出液合并至烧杯中，并添加蒸馏水至 2L 体积，放置备用。此即为配制 Nessler 试剂的母液。

于 1 个 5L 试剂瓶中，加入 100g/L NaOH 溶液 3500mL 及 750mL 上述制备的母液，750mL 蒸馏水，混匀，即为 Nessler 试剂，放置数日待沉淀下沉后，取出上清液供实验使用。

Nesseler 试剂中的碱浓度很重要，碱浓度不准会在使用时发生混浊或沉淀，因此应经过滴定。可用 20mL 1mol/L 标准 HCl 与 Nessler 试剂滴定，最佳终点（以酚酞作指示剂）应消耗 Nessler 试剂 11~11.5mL，如碱太多，可用 6mol/L HCl 调节。

（5）32% 丙酮溶液　32mL 丙酮加蒸馏水至 100mL。

（6）30g/L 阿拉伯胶　称取 3g 阿拉伯胶，先加 50mL 蒸馏水，加热溶解，最后加蒸馏水至 100mL。

（7）0.02mol/L 标准硫酸铵溶液　取分析纯 $(NH_4)_2SO_4$ 置 110℃烘箱内烘 3h，取出后置干燥器内冷却，精确称取干燥 $(NH_4)_2SO_4$ 132mg，置于 100mL 容量瓶中，加重蒸水若干，使其溶解，再以重蒸水稀释至刻度，即为 0.02mol/L 标准硫酸铵溶液（母液）。

（8）0.002mol/L 标准硫酸铵溶液　取 0.02mol/L 硫酸铵标准液 10mL 至 100mL 容量瓶中，用水稀释至刻度，即为 0.002mol/L $(NH_4)_2SO_4$ 的应用液。

四、实验步骤

1. 凝胶的准备

称取 Sephadex G-200 1g，置于锥形瓶中，加蒸馏水 60mL，于沸水浴中加热 5h（此为加热溶胀；如在室温溶胀，需放置 48~72h）取出，待冷却至室温后装柱。

2. 装柱

取直径 0.8~1.2cm，长度 45cm 的层析玻璃管，底部装上带有细玻璃管的橡皮塞，用尼龙布包好塞紧，垂直夹于铁架上。细玻璃管接上一段细塑胶管，夹好。柱中先加入少量水，充满细玻璃管，并残留部分水于层析玻璃管中。关闭细玻璃管的出口，自顶部缓慢加入溶胀处理过的 Sephadex G-200 悬液，待底部凝胶沉积到 1~2cm 时，再打开出口，待凝胶上升至离层析玻璃管顶 3cm 左右即可，再用蒸馏水平衡凝胶柱。根据 Sephadex G-200 凝胶床所能承

受的最大水压为 1.57kPa，调整细塑胶管位置，把
Sephadex G-200 的层析床承受的水压控制在 10cm 水
柱高度，作为操作压（图 3-15），否则易使凝胶变形
而影响流速及层析特征。在加入凝胶时速度应均匀，
并使凝胶均匀下沉，以免层析床分层，同时防止柱内
混有气泡；如层析床表面不平整，可在凝胶表面用细
玻璃棒轻轻搅动，再以凝胶自然沉降，使表面平整。

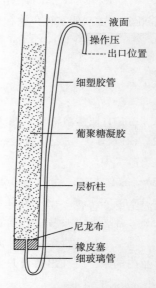

图 3-15　凝胶层析柱装配示意图

右侧标注（自上而下）：液面、操作压、出口位置、细塑胶管、葡聚糖凝胶、层析柱、尼龙布、橡皮塞、细玻璃管

　　3. 样品的制备

　　称取 1g 刀豆粉置于小锥形瓶中，加入 32% 丙酮
5mL，振摇 10min，进行提取，然后倒入离心管中，用
32% 丙酮 1mL 洗小锥形瓶一次，洗液也倒入离心管
中，离心（3000r/min）5min，将上清液倒入刻度离心
管中，量取体积，加入 4 倍体积的冷丙酮，使蛋白质
沉淀。离心（3000r/min）5min，弃去上清液置回收瓶
中。待沉淀中的丙酮蒸发后，加蒸馏水 0.8mL，使沉
淀溶解。如有沉淀，再离心（300r/min）5min，取上
清液，为脲酶粗提取液，供凝胶过滤进一步分离纯
化。留取 0.1mL 粗提取液，用蒸馏水稀释 20 倍为样品稀释液，用于检测。

　　4. 加样

　　加样时先将层析柱下出口打开，使层析床面上的蒸馏水缓慢下流，直到床面将近露出为
止（注意：不可使床面干掉，以免气泡进入凝胶），关紧口。用吸管吸取 0.6mL 脲酶粗提取
液缓慢地沿着层析柱内壁小心加于床表面，尽量不使床面扰动，然后打开出口，使样品进入
床内，直到床面重新将近露出为止。再用滴管小心加入 1mL 蒸馏水。这样可使样品稀释最
小，而又能完全进入床内。当少量蒸馏水将近流干时，再加入蒸馏水使其充满层析床上面的
空间，接上贮液瓶，进行洗脱，洗脱时必须保持床面的平整（有时可在床面上的液体表面加
一塑料薄板，以保护床面的平整）。

　　5. 洗脱与收集

　　流速是影响物质分离效果的重要因素之一。凝胶柱的操作压必须控制在 10cm 水柱以下，
流速慢分离效果好，但太慢因扩散而造成峰形过宽，反而影响分离效果，因此把流速控制在
3mL/15min（5~10 滴/min）较好。流出的液体分别收集在刻度离心管中，收集量为 3mL/管，
共约收集 12 管。

　　6. 检测与制图

　　（1）蛋白质检测　将所有的收集管分别在紫外分光光度计 280nm 波长测定其吸光度，以
280nm 的吸光度为纵坐标，管数为横坐标，在小方格纸上绘制出蛋白质洗脱曲线。同时测定
样品稀释液在 280nm 波长的吸光度，乘以 0.75 代表其蛋白质含量（mg/mL）。

　　（2）脲酶活力的检测　取试管若干，编号，按表 3-24 操作（无 280nm 吸光度的收集管
不必测酶活力）。

表 3-24 脲酶活力检测操作表 单位：mL

	空白	1……n	样品稀释液
30g/L 尿素	0.5	0.5	0.5
0.1mol/L 磷酸缓冲液（pH 6.8）	1.0	1.0	1.0
	37℃ 保温 5min		
洗脱液（酶液）	—	0.5	0.5
去离子水	0.5	—	—
	37℃ 保温 15min		

保温结束，各管中立即加入 0.6mL 的 1mol/L HCl 以终止反应，此为酶促反应液。然后另取若干支试管同上述编号，按表 3-25 操作，进行显色。

表 3-25 显色操作

	空白	1……n	样品稀释液
酶促反应液/mL	0.5	0.05~0.5	0.05~0.1
去离子水/mL	2.5	加至 3.0	加至 3.0
30g/L 阿拉伯胶/滴	2	2	2
	混匀		
Nessler 试剂/mL	0.75	0.75	0.75

立即混匀，在 480nm 波长比色，测定其吸光度。
各管用量按表 3-26。

表 3-26 酶促反应液用量

A_{280}	酶促反应液/mL
<0.1	0.5
0.1~0.2	0.4
0.2~0.3	0.3
0.3~0.4	0.2
0.4~0.5	0.1
>0.5	0.05

五、实验结果计算

根据测得的吸光度从标准曲线查得氨的摩尔质量（μmol），然后计算各管中每毫升洗脱液每小时保温所能产生的氨的摩尔质量作为酶活力单位数，以及每管洗脱液中酶活力单位数。以每管的酶活力为纵坐标，以收集管数为横坐标在方格纸上绘制酶洗脱曲线。

比较上样稀释液及酶活力最高一管的比活力，从而计算酶活力提高倍数。

1. 交联葡聚糖的基本特征及其代号的意义是什么？
2. 为什么交联葡聚糖代号中 G 越大，承受水压越小？如果要加强分离效果使流速加快，对胶粒的性质有何要求？
3. 比较分子筛层析与盐析或有机溶剂分离蛋白质的优缺点。

附：硫酸铵标准曲线的制备。

取试管 7 支，编号，按表 3-27 操作。

表 3-27 硫酸铵标准曲线

试剂	试管编号						
	1	2	3	4	5	6	7
0.002mL/L（NH$_4$）$_2$SO$_4$/mL	0.1	0.2	0.3	0.4	0.5	0.6	
含氨的摩尔质量/μmol	0.2	0.4	0.6	0.8	1.0	1.2	
重蒸水/mL	2.9	2.8	2.7	2.6	2.5	2.4	3.0
30g/L 阿拉伯胶/滴	2	2	2	2	2	2	2
混　匀							
Nessler 试剂/mL	0.75	0.75	0.75	0.75	0.75	0.75	0.75

加 Nessler 试剂后，立即混匀。在 480nm 波长处比色。以测定得到的吸光度为纵坐标，所含氨的摩尔质量为横坐标，绘制标准曲线。

实验三十一　血清蛋白质的聚丙烯酰胺凝胶等电聚焦电泳

一、实验目的

了解等电聚焦的原理。掌握聚丙烯酰胺凝胶等电聚焦电泳技术。

二、实验原理

蛋白质为两性电解质，当溶液处于某 pH 时蛋白质游离成正负离子的趋势相等，此时蛋白质在电场中的迁移率为零，该溶液的 pH 为该蛋白质分子的等电点（pI），凡是碱性氨基酸含量多的蛋白质，其等电点偏碱，含酸性氨基酸较多或含其他酸性基团较多的蛋白质，其等电点偏酸，人体体液中的蛋白质等电点多数在 pH 5.0 左右。

在等电聚焦电泳时，通常是在电泳管的正负极之间引入等电点彼此接近的一系列两性电解质的混合液（载体）经电场作用，建立从正极向负极渐次增高的 pH 梯度。如果电泳槽中引入一组等电点不相同的蛋白质分子，在电场作用下，无论它们的原始分布如何，最后都会

将等电点为 pI_1、pI_2、pI_3、pI_4……pI_a 的蛋白质混合物引入 pH 梯度中，在电场作用下，经一定时间，混合物中各个蛋白质即会分别聚集在 pH 等于各自 pI 的区域，形成分离清晰的蛋白质区带。

当等电点彼此接近的一系列两性电解质引入电泳槽，并在电泳槽的正极槽中注入酸，负极槽中注入碱，在电泳开始前，两性电解质混合物的 pH 为其平均值，电泳槽各段 pH 相等。

电泳开始后，pH 最低的两性电解质（等电点 pI_1）带负电荷，向正极移动，当移动到正极附近的酸液界面时，pH 突然下降，甚至接近或低于这个两性电解质的 pI，以致这个两性电解质不能再向前移动而逗留于此，由于两性电解质具有一定缓冲能力，则使周围一定区域内介质的 pH 保持着它的 pH 范围。同样，pH 稍高的第二种两性电解质（等电点 pI_2，$pI_2 > pI_1$）也向正极移动，由于 $pI_2 > pI_1$，它定位于 pH 低的两性电解质之后，并使其定位区周围的介质 pH 保持在它的 pH 范围，依次类推，经过足够时间后，两性电解质混合物中的各成分依等电点递增次序，从正极到负极排成一个 pH 梯度，如果两性电解质的成分很多，且彼此 pH 十分接近，则可形成几乎是线性的连续 pH 梯度。在此梯度中蛋白质混合物的成分，经聚焦作用，将会分布于 pH 中各自等电点的部位。从而得到非常清晰的分离区带。

建立这种稳定的 pH 梯度的两性电解质以 Ampholine 为最好。

三、材料及试剂

（1）丙烯酰胺及双丙烯酰胺溶液　丙烯酰胺 28.4g，双丙烯酰胺 1.6g，加蒸馏水溶解成 100mL。

（2）200g/L Ampholine（pH 3~10）。

（3）100g/L 过硫酸胺（现用现配）。

（4）TEMED（四甲基乙二胺）。

（5）尿素。

（6）覆盖液　Ampholine 0.5mL，尿素 3.0g，加蒸馏水至 100mL。

（7）0.02mol/L NaOH　取 0.8gNaOH 加水至 1000mL。

（8）0.01mol/L H_3PO_4　取浓 H_3PO_4 0.67mL 加水至 1000mL。

（9）人血清，血清中加 1/3 体积 50% 甘油，加少量 5g/L 溴酚蓝（约 1/6）。

（10）染色液　取考马斯亮蓝 R-250 1.25g，加无水乙醇 225mL，冰乙酸 50mL，加水至 500mL。

（11）脱色液　染色液中除去染料。

（12）固定液　125g/L 三氯乙酸。

四、实验步骤

（1）凝胶的制备　凝胶的制备按表 3-28。

表 3-28 凝胶制备用量

试　剂	用量/mL
丙烯酰胺、双丙烯酰胺溶液	1.33
尿素	5.5
200g/L Ampholine	0.5
去离子水	3.15
TEMED	10μmL
血清	0.2
混匀置于 30℃ 水浴中，待尿素溶解	
100g/L 过硫酸铵	0.2

混匀后，分别灌注玻璃管中至 4/5 高度，然后在液面上轻轻加覆盖液约 1cm，待成胶后，吸弃覆盖液约 1cm 厚，将试管插入电泳槽。

（2）电泳　下槽加 0.01mol/L H₃PO₄，上槽加 0.02mol/L NaOH，检查各电泳管两端无气泡后，通电，上负下正。开始时调节电流每管 3~5V 电压连续通电 3h，停止电泳。

（3）剥胶　取下胶管，将带有 10cm 长针头的注射器充满水，把针头插入胶柱与管壁之间，边注水边旋转玻璃管，使胶柱与管壁分开，然后用橡皮球将胶柱轻轻吹出。

（4）将胶柱置于 125g/L 三氯乙酸溶液中固定 1h，并多次换液。

（5）固定后对胶柱进行染色与脱色，保存于 100g/L 乙酸中。

🔍 思考题

1. 为何等电聚焦电泳时电流会逐渐下降而接近于零？
2. 在等电聚焦电泳时，两性电解质载体有何作用？
3. 如配好凝胶后再滴加血清样品进行电泳，结果是否相同？说明理由。
4. 与醋酸纤维素薄膜电泳比较，聚丙烯酰胺电泳有何优点？

实验三十二　肝糖原的提取和定量

一、实验目的

了解肝糖原提取、糖原和葡萄糖鉴定与蒽酮比色测定糖原含量的原理，掌握其操作方法。

二、实验原理

糖原储存于细胞内，采用研磨匀浆等方法可使细胞破碎，低浓度的三氯乙酸能使蛋白质变性，而糖原仍稳定地保留于上清液中，从而使糖原与蛋白质等其他成分分离开。糖原不溶于乙醇而溶于热水，故先用90%的乙醇将糖原沉淀，再溶于热水中，使糖原纯化。糖原水解液呈乳样光泽，遇碘呈红棕色，这是糖原中葡萄糖长链形成的螺旋中依靠水分子间引力吸附碘分子后呈现的颜色。此螺旋链吸附碘产生的颜色与葡萄糖残基数的多少有关。葡萄糖残基在20个以下的使碘呈红色，20~30个之间呈紫色，60个以上会使碘呈现蓝色，淀粉中分支链较长，故呈现蓝色，而糖原体分支中的葡萄糖残基在20个以下（通常为8~12个葡萄糖残基），吸附碘后呈现红棕色。糖原在浓酸中可水解成为葡萄糖，浓硫酸能使后者进一步脱水成糖醛衍生物——5-羟甲基呋喃甲醛，此化合物再和蒽酮作用形成蓝绿色化合物，在620nm有最大吸收峰，可借此进行比色测定。

三、实验试剂

（1）9g/L NaCl 溶液。

（2）50g/L 三氯乙酸。

（3）95% 乙醇。

（4）碘试剂 碘100mg和碘化钾200mg溶解于30mL蒸馏水中。或碘化钾1g加少许水溶解后，再加碘0.5g，溶后加水至100mL，混匀。用时加水稀释10倍。

（5）标准葡萄糖溶液0.5mL，相当于50μg葡萄糖。

（6）蒽酮试剂

①蒽酮重结晶 6g市售蒽酮溶于300mL无水乙醇中，加热至完全溶解。加蒸馏水直到结晶不再析出为止，放冰箱过夜，抽滤得淡黄色结晶，置棕色瓶内，放入干燥器内，备用。

②配制试剂 取结晶蒽酮0.05g及硫脲1g，溶于66%硫酸100mL中，加热溶解，置棕色瓶中，冰箱中可贮存两周。

四、实验步骤

1. 糖原的提取

（1）准确称取1g肝脏，用9g/L NaCl溶液冲洗，吸去多余水分。

（2）在研钵中将肝脏组织剪碎，加入50g/L三氯乙酸2mL，将肝组织研磨至糜状，经滤纸过滤入刻度离心管中。再用蒸馏水3mL洗残渣两次，最后加入蒸馏水使总体积达到5.0mL。

（3）取滤液2mL于另一离心管中，加入95%乙醇10mL，混匀后静置10min，离心（3000r/min）5min，弃去上清液，白色沉淀即为糖原。

2. 糖原的鉴定

（1）加蒸馏水2mL于糖原沉淀中，沸水浴加热5min使糖原溶解，可见有乳样光泽。

（2）取糖原水解液2滴于白瓷皿中，加入碘试剂1滴，观察颜色变化。

3. 糖原的定量

（1）取滤液0.5mL加蒸馏水4.5mL为滤液稀释液。

（2）取糖原水溶液0.5mL加蒸馏水4.5mL为糖原水溶液稀释液。

（3）取试管4支，标记，按表3-29操作。

表 3-29 糖原的定量

	试管编号			
	1	2	3	4
样品/mL	滤液稀释液 0.5	糖原水溶液稀释液 0.5	标准葡萄糖 0.5	—
蒸馏水/mL	—	—	—	0.5
蒽酮试剂/mL	5.0	5.0	5.0	5.0

混匀，置沸水浴中 10min，冷却后以 4 号管为空白，波长 620nm 在分光光度计中比色，计算糖原含量及提取的得率。

五、实验结果

糖原含量（μg）$= A_{标准管} \div A_{样品管} \times$ 标准管葡萄糖含量 $\times 1/1.11$

据此计算每 100g 肝中糖原含量。

注：1.11 为此法测得葡萄糖含量换算为糖原含量的常数，即 100g 糖原用蒽酮试剂显色相当于 111g 葡萄糖用蒽酮试剂显示的颜色。

🔍 思考题

1. 鉴定糖原的方法及其原理有哪些？
2. 根据肝组织用量及提取时稀释情况，列出计算肝糖原含量的公式。

实验三十三　蛋白质印迹分析

一、实验目的

了解蛋白质印迹分析的原理及其意义，掌握蛋白质印迹分析的操作方法。

二、实验原理

蛋白质印迹分析（Western Blot）是以某种抗体作为探针，使之与附着在固相支持物上的靶蛋白所呈现的抗原部位发生特异性反应，从而对复杂混合物中的某些特定蛋白质进行鉴别和定量。这一技术将蛋白质凝胶电泳分辨率高与固相免疫测定特异性强的特点结合起来，是一种重要的蛋白质分析测试手段。

具体过程包括：蛋白质经凝胶电泳分离后，在电场作用下将凝胶上的蛋白质条带转移到硝酸纤维素膜上，经封闭后再用抗待检蛋白的抗体作为探针与之结合，最后，结合上的抗体可用多种二级免疫学试剂（[125]I 标记的 A 蛋白或抗免疫球蛋白、与辣根过氧化物酶或碱性磷酸酶偶联的 A 蛋白或抗免疫球蛋白）检测。

本实验以在原核细胞中诱导表达的 GST-鸡生肌素融合蛋白作为待检蛋白，将诱导后的菌体蛋白经 SDS-聚丙烯酰胺凝胶电泳后，以鼠抗鸡生肌素单克隆抗体作为一抗，碱性磷酸酶偶联的羊抗鼠 IgG 作为二抗，对生肌素的表达情况进行检测。

三、材料、仪器及试剂

1. 仪器

YXQ-SG41-280 型电热手提高压锅、DYY-III6B 电泳仪、DF-8A 垂直板电泳槽、VDS 型凝胶摄像系统、GDS-100 真空凝胶干胶仪、DYY-III7B 转移电泳仪、转移电泳槽、封口机、恒温水浴锅、杂交箱、紫外交联仪、恒温摇床、微量加样器、可调式移液器、电炉、平皿、滴管、50mL 烧杯、吸量管、剪刀等。

2. 材料

诱导前菌体蛋白、诱导后菌体蛋白（其他实验制备）、硝酸纤维素膜（NC 膜）、一次性手套、杂交袋、滤纸、吸水纸、1.5mL EP 管、吸头管。

3. 试剂

（1）300g/L 丙烯酰胺储存液。

（2）100g/L SDS 溶液。

（3）100g/L 硫酸铵溶液。

（4）TENED（N，N，N，N，-四甲基乙二胺）。

（5）0.5mol/L Tris-HCl（pH 6.8）。

（6）1.5mol/L Tris-HCl（pH 8.8）。

（7）1mg/mL DTT。

（8）电极缓冲液　14.4g/L 甘氨酸，3g/L Tris-HCl，1g/L SDS。

（9）2×上样缓冲液　40g/L SDS，20%甘油，100mmol/L Tris-Cl（pH 6.8），20g/L 溴酚蓝。

（10）电转阳性缓冲液 I　0.3mol/L Tris-HCl，20%甲醇。

（11）电转阳性缓冲液 II　25mmol/L Tris-HCl，20%甲醇。

（12）电转阴性缓冲液　0.04mol/L 甘氨酸，0.5mmol/L Tris-HCl，20%甲醇。

（13）TBS　150mmol/L NaCl，50mmol/L Tris（pH 7.5）。

（14）封闭液　TBS+50g/L 脱脂乳粉+1g/L Tween20。

（15）碱性磷酸酶缓冲液（TSM）　100mmol/L NaCl，5mmol/L $MgCl_2$，100mmol/L Tris-HCl（pH 9.5）。

（16）NBT（氮蓝四唑）溶液。

（17）BCIP（5-溴-4-氯-3-吲哚磷酸）溶液。

（18）染色液　0.25g 考马斯亮蓝，45mL 重蒸水，10mL 冰乙酸。

（19）脱色液　45mL 甲醇，45mL 重蒸水，10mL 冰乙酸。

（20）蛋白分子质量标准。

（21）鼠抗鸡生肌素单克隆抗体。

（22）碱性磷酸酶偶联的羊抗鼠 IgG。

四、实验步骤

（一） SDS-聚丙烯酰胺凝胶电泳

1. 准备

安装垂直板电泳装置，用10g/L琼脂糖凝胶封住底边及两侧。

2. 配胶

（1）100g/L分离胶　300g/L丙烯酰胺储存液3.33mL，1.5mol/L Tris-HCl（pH 8.8）2.5mL，100g/L SDS 0.1mL，100g/L过硫酸铵0.1mL，重蒸水4.0mL。

混匀后，加入5μL TEMED，立即混匀。灌入安装好的垂直夹层玻璃板中至距玻璃板顶部3cm处，立即加盖一层蒸馏水，静止。待分离胶聚合后（约20min），去除水相，灌入浓缩胶。

（2）50g/L浓缩胶　300g/L丙烯酰胺储存液0.83mL，1.5mol/L Tris-HCl（pH 6.8）1.25mL，100g/L SDS 0.05mL，100g/L过硫酸铵0.05mL，重蒸水2.8mL。

混匀后，加入3μL TEMED，立即混匀。灌入垂直夹层玻璃板顶端，插入梳子，静置（注意：整个灌胶过程一定要避免混入气泡）。待胶聚合后，将凝胶固定于电泳装置上。上、下槽各加入电极缓冲液，拔去梳子，用电极缓冲液冲洗加样孔。

3. 样品处理

取两支Eppendorf管，分别加入诱导前菌体蛋白和诱导后菌体蛋白各20μL，再各加入20μL 2×上样缓冲液和4μL DTT，混匀，煮沸3min，短暂离心。

4. 上样

按表3-30顺序加样。

表3-30　　　　　　　　　　　加样顺序表

顺序号	1	2	3	4	5	6	7
试剂	1×上样缓冲液	诱导前菌体蛋白	诱导后菌体蛋白	蛋白质分子质量标准	诱导前菌体蛋白	诱导后菌体蛋白	1×上样缓冲液
加样量/mL	20	20	20	20	20	20	20

5. 电泳

接通电源，将电压调至80V，当溴酚蓝加入分离胶后，把电压提高到150V，电泳至溴酚蓝距离底部1cm处，停止电泳。

（二）蛋白质转膜

（1）取下胶板，小心去除一侧玻璃板，切去浓缩胶和分离胶无样品部分。

（2）将凝胶分成两半，含分子质量标准的部分用考马斯亮蓝染色。

（3）测量剩余胶的大小，按该尺寸剪取一张硝酸纤维素和六张滤纸。

（4）硝酸纤维素膜用三蒸水浸润后，在阳极缓冲液Ⅱ中浸泡3min。

（5）在半干式电转移槽中由阳极至阴极依次安放：

①阳极缓冲液Ⅰ浸湿的滤纸2张。

②阳极缓冲液Ⅱ浸湿的滤纸2张。

③硝酸纤维素膜。

④凝胶。

⑤阴极缓冲液浸湿的滤纸 2 张。

注意：各层之间千万不要存有气泡。

（6）接通电源，15V（0.8mA/cm²）转移 2~3h。

（三）封闭

将转膜后的硝酸纤维素膜在 TBS 中漂洗一下，放入装有封闭液的平皿中，室温下轻摇 1h，中间更换一次封闭液。

（四）一抗结合

（1）将滤膜放入杂交袋中，封好三面。

（2）按 0.2mL/cm² 加入封闭液和鼠抗鸡生肌素单克隆抗体（1∶1000 稀释）。

（3）杂交袋封严后，置 4℃摇动过夜。

（五）二抗结合

（1）剪开杂交袋，取出滤膜，用封闭液漂洗三次，每次 10min。

（2）将滤膜再放入杂交袋中，封好三面。

（3）按 0.2mL/cm² 加入封闭液和碱性磷酸酶偶联羊抗鼠 IgG。

（4）杂交袋封严后，室温下，轻摇 1h。

（六）显色反应

（1）取出滤液，用 TBS 漂洗三次，每次 5min。

（2）将滤膜放入碱性磷酸酶缓冲液中短暂漂洗。

（3）配制显色液　碱性磷酸酶缓冲液 10mL，BCIP 35 mL，NBT 45 mL。

加入显色液，室温避光显色 30min 左右。显色至满意程度的 NC 膜经水冲洗终止反应，对照分子质量标准分析结果。

五、注意事项

（1）丙烯酰胺有神经毒性，可经皮肤、呼吸道侵入人体，操作时要注意防护。

（2）蛋白加样量要合适，加样量太少，条带不清晰；加样量过多，则泳道超载，条带过宽而重叠，甚至覆盖相邻泳道。

（3）电泳时电压不宜太大，否则玻璃板会因受热而破裂。

（4）电转移时，滤纸、滤膜和胶应等大，以免短路。

（5）显色液临用前新鲜配制。

🔍 **思考题**

1. SDS-聚丙烯酰胺凝胶电泳电压时，电压为何不宜太大？

2. 电转移应注意哪些问题？

3. 蛋白质印迹结果如何定量分析？

实验三十四　单向定量免疫电泳

一、实验目的

通过本实验的学习，复习巩固免疫化学的基础知识，并熟练掌握免疫扩散法的操作步骤，掌握其在抗血清效价的测定和特异性抗体的分析中的应用。

二、实验原理

单向定量免疫电泳又称火箭电泳（rocket immunoelectrophoresis）。在琼脂内掺入适量的抗体，在电场作用下，定量的抗原泳动遇到琼脂内的抗体，形成抗原-抗体复合物沉淀下来。走在后面的抗原继续在电场作用下向正极泳动，遇到琼脂内沉淀的抗原-抗体复合物，抗原量的增加造成抗原过量，使复合物沉淀溶解，一同向正极移动而进入新的琼脂内与未结合的抗体结合，又形成新的抗原-抗体复合物沉淀下来，不断地沉淀—溶解—再沉淀，直至全部抗原和抗体结合，在琼脂内形成锥形的沉淀峰（火箭峰）。火箭峰的长度与标准抗原比较，可计算待测抗原的浓度。

本实验以人血清作为抗原，免疫动物（家兔）产生抗血清，当适量抗原、抗体在琼脂糖中扩散，两者相遇时，则形成抗原-抗体复合物的白色沉淀线。不同的抗原分子与相应的抗体分子的扩散速度不同，当两者间比例适当时，出现数目不同的沉淀线，根据沉淀线的出现可以定性抗原、诊断疾病或测定抗体的效价。

三、材料、试剂及器材

1. 材料和试剂

（1）抗原　甲胎球蛋白（1~5mg/mL）。

（2）免疫血清（抗血清）　家兔抗人甲胎球蛋白血清。

（3）琼脂糖（或进口分装琼脂粉）。

（4）pH 8.6 电极缓冲液（巴比妥缓冲液）　离子强度 0.05mol/L。取巴比妥 1.84g，巴比妥钠 10.3g 溶于蒸馏水，定容至 1L。制备琼脂溶液时需要将上述缓冲稀释一倍，离子强度为 0.025mol/L。

2. 器材

玻璃板、模具、打孔器和挑针、滴管、有盖搪瓷盒（内铺有湿润的滤纸）、温箱（25℃）、三角烧杯、玻璃棒、微量加样器、其他常用器材。

四、实验步骤

1. 抗体琼脂板的制备

将融化的琼脂冷却到 55℃，加入适量（看免疫血清的效价高低而定）的抗体，立即混匀（不要出现泡沫），将上述的抗体琼脂（大约 20mL）制成琼脂板，冷却后按图 3-16 打孔备用。

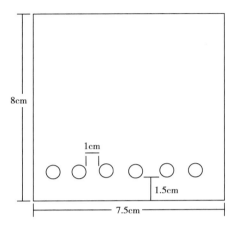

图 3-16　琼脂板打孔示意图

2. 加样

在各孔里加入不同稀释度的抗原。

3. 电泳

在平板电泳槽里倒进离子强度 0.05mol/L 的巴比妥缓冲液。将凝胶板平放在电泳槽中的隔板上。琼脂的两端用浸湿的滤纸做桥与电泳槽的电极缓冲液相连接，抗体端接正极。通电，电流强度按琼脂板的宽度计算（1~2mA/cm）。观察到白色沉淀线时，即电泳完毕（一般 1h 左右）。一般通电后调电压为 10V/cm，或电流强度为 2~4mA/cm，时间 1~5h。

4. 结果判定

电泳毕，取出琼脂板，依次用生理盐水、蒸馏水浸泡后，加 10g/L 鞣酸冲洗琼脂板，晾干，即可观察与测定结果，如图 3-17 所示。也可以常规蛋白质染色法染色后观测结果。测

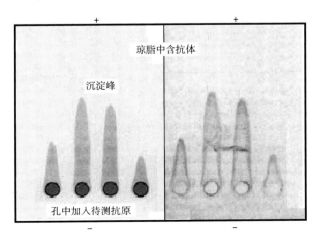

图 3-17　单向定量免疫电泳结果示意图

定结果的方法有两种：一种是测量沉淀峰的高度（自孔中央至峰尖），以毫米计；另一种是以求积仪测量沉淀峰的面积，以平方毫米计。前者较简便，后者较准确。根据测定的结果，从标准曲线中计算出待检标本中的抗原含量。

5. 标准曲线绘制

用上述选择好的最适浓度抗血清制备琼脂板。打孔，加入合适比例的 5~10 个标准抗原浓度，反复试验 10 次，取每次电泳后所测定的沉淀峰高度（或面积）的平均值，绘出标准曲线。

6. 标本的保存

为了保存标本，可染色处理，步骤如下：①用生理盐水浸洗待保存的玻璃板 2~3d，每天换水 1~2 次，洗去多余的抗原抗体及其他蛋白。②浸洗后于玻璃板的凝胶上加 5%甘油或用 5g/L 琼脂填孔防裂，用湿的优质滤纸覆在凝胶上（两者之间不要有空气），37℃过夜使其彻底干燥。③打湿滤纸，轻轻揭下，洗净胶面。④用 0.5g/L 氨基黑（用 5%乙酸配制）染色 10min，再用 5%乙酸脱色至背景无色为止，干燥保存。也可用 1~5g/L 考马斯亮蓝（10%~20%乙酸配制）染色 5~15min，再用 10%~20%乙酸脱色至背景无色，干燥保存。

五、注意事项

（1）抗原抗体的用量应当预试，抗原太浓，在一定时间内不能达到最高峰，抗体太浓，则沉淀峰太低而无法测量。预试峰的合适高度为 2~5cm。

（2）用优质琼脂糖。

（3）一定条件下，电泳时间要根据峰的形成情况而定。如形成尖角峰形，表示已无游离抗原。如呈钝圆形，前面有云雾状，表示还未到终点。

（4）把琼脂板置于电泳槽上搭好桥，再加抗原，或启动电源后，电压极低时加样，以免造成基部过宽的峰型。

🔍 思考题

单向定量免疫电泳技术的基本原理是什么？

实验三十五　Trizol 法提取总 RNA

一、实验目的

掌握 Trizol 法提取总 RNA 的实验原理与操作。

二、实验原理

Trizol 试剂是直接从细胞或组织中提取总 RNA 的试剂，其主要成分是苯酚。苯酚的主要作用是对细胞进行裂解，从而使细胞当中的蛋白质以及核酸物质解聚而得以释放。苯酚虽然可以有效地使蛋白质变性，但它不能完全抑制 RNA 酶的活性，因此 Trizol 中还加入了 8-羟基喹啉、异硫氰酸胍、β-巯基乙醇等来抑制内源和外源 RNase（即 RNA 酶）。

在样品的裂解液或匀浆中，Trizol 能保持 RNA 的完整性。加入氯仿（$CHCl_3$）后离心，样品能分成水样层和有机层。而 RNA 存在于水样层中。在收集上面的水样层后，RNA 可以通过异丙醇沉淀的方法来还原。在除去水样层之后，样品中的核酸和蛋白质也能相继以沉淀的形式还原。乙醇沉淀能析出中间层的 DNA，在有机层中加入异丙醇能析出有机层的蛋白质。

Trizol 试剂不但可用于小量样品（组织：50~100mg；细胞：$5×10^6$ 个），也可用于大量样品（组织≥1g 或细胞≥10^7 个），对动物、植物、细菌、血液提取都适用，可同时处理大量不同样品。反应迅速，提取的总 RNA 没有 DNA 和蛋白质污染，可用于 Northern blot、RT-PCR、RNase 保护分析等。Trizol 试剂带有颜色，以便于区分水相和有机相，同时最大限度地保持 RNA 的完整性。保存条件：2~8℃，避光保存 12 个月。

三、材料、试剂与器具

1. 试剂与材料

（1）试剂 Trizol，氯仿，异丙醇，75%乙醇［用去 RNA 酶水（RNase-free 水）配制］，焦碳酸二乙酯（DEPC）水（无核酸酶）。

（2）材料 猪肝脏组织。

2. 器具

1mL 注射器，1.5mL EP 管（DEPC 处理），大、中、小号枪头（DEPC 处理），冷冻离心机，超微量紫外分光光度计，vortex 混匀器。

四、实验步骤

1. 样品的处理

先将组织剪切成小块，放入普通玻璃匀浆器内，每 50~80mg 组织加入 1mL Trizol，匀浆。对于 RNA 完整性要求比较高的情况，先液氮冷冻组织，然后在低温下用研钵研碎组织，随后再加入 Trizol 进行总 RNA 抽提。

2. 总 RNA 的提取

（1）将匀浆后的组织室温放置 5~10min，使得核蛋白与核酸完全分离。

（2）每毫升 Trizol 加入 0.2mL 氯仿，用 vortex 混匀器混匀或猛烈晃动 15s，室温放置 2~3min。

（3）12 000×g，4℃离心 15min，然后吸取含总 RNA 的上层无色水相至一新的离心管中，每毫升 Trizol 约可吸取 0.5mL。

（4）按每毫升最初的 Trizol 加入 0.5mL（与上一步等体积）异丙醇，颠倒数次混匀，室温沉淀 10min。

（5）12 000×g，4℃离心 10min，在管底可见 RNA 沉淀，弃上清。

（6）每毫升最初的 Trizol 加入 1mL 75%乙醇（DEPC 水配制），颠倒混匀。

（7）12 000×g，4℃离心 3min，弃上清。再用离心机甩一下（>5000r/min，离心 1s），然后用枪头吸出，不要吸沉淀。

（8）室温干燥 5~10min。待 RNA 晾干后，加入 30~50μL DEPC 水溶解，于超微量紫外分光光度计测定 A_{260}/A_{280} 值，判断 RNA 纯度，剩余 RNA 于−70℃冻存。注意：切勿让 RNA

过分干燥，否则将极难溶解，且测出的 A_{260}/A_{280} 值会低于 1.6。

五、注意事项

1. 杜绝外源酶的污染

（1）严格戴好口罩、手套。

（2）实验涉及的离心管、吸头、移液器杆、电泳槽、实验台面等要彻底处理。

（3）实验所涉及的试剂/溶液，尤其是水，必须确保无核酸酶。

2. 阻止内源酶的活性

（1）选择合适的匀浆方法。

（2）选择合适的裂解液。

（3）控制好样品的起始量。

🔍 **思考题**

1. RNA 酶的变性和失活剂有哪些？

2. 在提取 RNA 的实验过程中，应该注意哪些环节和问题？

实验三十六　聚合酶链式反应扩增目的 DNA 片段

一、实验目的

1. 掌握聚合酶链式反应的基本原理和实验过程。

2. 了解聚合酶链式反应引物设计的原则，学习聚合酶链式反应扩增仪的使用。

二、实验原理

聚合酶链式反应（polymerase chain reaction，PCR）是体外克隆基因的重要方法，它可在几个小时内使模板分子扩增百万倍以上，因此，能用于从微量样品中获得目的 DNA，同时完成了基因在体外的克隆，是分子生物学及基因工程中极为有用的研究手段。常规 PCR 用于已知 DNA 序列的扩增，具体可分为三个主要过程。

1. 变性

通过升高温度使 DNA 双链模板分子中氢键断裂，形成单链 DNA 分子，温度为 94℃，时间 1min。

2. 复性

降低温度使 DNA 单链分子同引物结合。温度为 55℃，时间 1min。

3. 延伸

升高温度，在 DNA 聚合酶最佳活性的条件下在引物 3′端加入 dNTP，实现模板的扩增，温度为 72℃，时间 2min。同时第一步变性前要在 94℃下预变性 5min，使 DNA 双链完全解开。经过 25~30 个循环之后，在 72℃下继续延伸 10min。

PCR 反应包含以下基本成分。

（1）热稳定性 DNA 聚合酶　*Taq* DNA 聚合酶是最常适用的酶，商品化 *Taq* DNA 酶的特异性活性约为 80000U/mg。

（2）寡核苷酸引物　寡核苷酸引物的设计是影响 PCR 扩增反应的效率与特异性的关键因素。

（3）脱氧核苷三磷酸（dNTP）　标准的 PCR 反应体系应包括 4 种等摩尔浓度的脱氧核苷三磷酸，即三磷酸脱氧腺苷（dATP）、脱氧胸苷三磷酸（dTTP）、脱氧胞苷三磷酸（dCTP）和脱氧鸟苷三磷酸三钠（dGTP）。

（4）二价阳离子　一般需要 Mg^{2+} 来激活热稳定的 DNA 聚合酶，由于 dNTP 与寡聚核酸结合 Mg^{2+}，因而反应体系中阳离子的浓度一般要超过 dNTP 和引物来源的磷酸盐基团的摩尔浓度。Mg^{2+} 的最佳浓度为 1.5mmol/L。

（5）维持 pH 的缓冲液　PCR 缓冲液的 pH 需调至 8.3~8.8。

（6）模板 DNA　含有靶序列的模版 DNA 可以以单链或双链形式加入 PCR 混合液中，闭环 DNA 的及增效率略低于线性 DNA。

三、试剂和器具

1. 试剂

Taq DNA 聚合酶（5U/μL），PCR 缓冲液（10×，不含 MgCl$_2$），25mmol/L MgCl$_2$，dNTP，猪肝脏 DNA（来自实验二十三），甘油醛-3-磷酸脱氢酶（*gapdh*）引物，重蒸水。

其中，引物序列 Primer 1：5′-TGGTGAAGGTCGGAGTGAAC-3′，Primer 2：5′-GGAAGAT-GGTGATGGGATTTC-3′。待扩增的 *gapdh* 片段长度：225bp。

2. 器具

旋涡混合器、微量移液取样器、移液器吸头、0.2mL PCR 微量管、微量离心管架、PCR 仪、台式离心机、琼脂糖凝胶电泳系统。

四、实验步骤

（1）在 0.2mL PCR 微量离心管中配制 50μL 反应体系　以下加样量供参考，括号内是最终需要量，实验时需参照 *Taq* DNA 聚合酶说明书计算。

5U/μL *Taq* DNA 聚合酶	1μL（5U）
10×PCR 缓冲液（不含 MgCl$_2$）	5μL
25mmol/L MgCl$_2$	3μL
2.5mmol/L dNTP	4μL（每种 dNTP 终浓度 0.2mmol/L）
Primer 1（10μmol/L）	2μL
Primer 2（10μmol/L）	2μL
模板 DNA	1μL（0.1~1μg）
重蒸水	32μL
总体积	50μL

（2）根据 PCR 仪的操作手册设置扩增循环程序

①95℃，5min；

②95℃，20s；

③60℃，20s；

④72℃，20s；

⑤返回步骤②，再循环 29 轮；

⑥72℃，5min。

（3）PCR 结束后，取 10μL 产物进行琼脂糖凝胶电泳。观察胶上是否有预计的主要产物带。

（4）清理桌面，撰写实验报告。

五、注意事项

（1）PCR 非常灵敏、操作应尽可能在无菌操作台中进行。

（2）吸头、离心管应高压灭菌，每次吸头用毕应更换，不要互相污染试剂。

（3）加试剂前，应短促离心 10s。然后再打开管盖，以防手套污染试剂及管壁上的试剂污染吸头侧面。

（4）应设含除模板 DNA 之外的所有其他成分的阴性对照。

思考题

1. 降低退火温度对反应有何影响？

2. 延长变性时间对反应有何影响？为什么要在最后延伸 10min？

3. 循环次数是否越多越好？为什么？

4. 如果出现非特异性带，可能有哪些原因？

实验三十七　两步法反转录聚合酶链式反应扩增目的 DNA 片段

一、实验目的

1. 了解反转录聚合酶链式反应法获得目的 DNA 的基本原理。

2. 学习和掌握反转录聚合酶链式反应的实验方法。

二、实验原理

反转录聚合酶链式反应（RT-PCR）是将以 RNA 为模板的互补 DNA（complement DNA，cDNA）合成（即 RNA 的反转录），同 cDNA 的 PCR 结合在一起的技术，具有较高的灵敏性、操作简单等优点，常用于基因定量分析、生物学检测等，此外常用 RT-PCR 克隆目的 DNA 片段。

cDNA 的合成是 RT-PCR 的重要环节。以 mRNA 为模板，在反转录酶的催化下，随机引物、oligo（dT）或基因特异性引物的引导下合成互补的 DNA，再按照普通 PCR 的方法用两条引物以 cDNA 为模板，则可扩增出不含内含子的可编码完整基因的序列。

RT-PCR 可以一步法或两步法的形式进行，两步法 RT-PCR 比较常见。在两步法 RT-PCR 中，cDNA 的合成首先在反转录缓冲液中进行，然后取出 1/10 的反应产物进行 PCR。而一步法 RT-PCR 具有其他优点，cDNA 合成和扩增反应在同一管中进行，不需要开管盖和转移，有助于减少污染。

三、材料、试剂与器具

1. 材料

RNA 样品（由实验三十五制备所得）。

2. 试剂

反转录试剂盒（含 iScript 反转录酶、5×iScript reaction mix 缓冲液）（Bio-rad 公司）。

常规 PCR 试剂：Taq DNA 聚合酶（5U/μL），PCR 缓冲液（10×，不含 $MgCl_2$），25mmol/L $MgCl_2$，dNTP，重蒸水。

甘油醛-3-磷酸脱氢酶（*gapdh*）引物序列，其中，

Primer 1：5′-TGGTGAAGGTCGGAGTGAAC-3′；

Primer 2：5′-GGAAGATGGTGATGGGATTTC-3′。

3. 器具

PCR 仪、电泳仪、PCR 管、微量移液器、碎冰。

四、实验步骤

根据测定的 RNA 浓度取适量 RNA 溶液，使 RNA 的总量为 500ng/μL。反应体系的加样操作均在冰上进行。

1. RT-PCR 反应体系

5×iScript reaction mix 缓冲液	4μL
iScript 反转录酶	1μL
无核酸酶（Nuclease-free）水	$(15-x)$ μL
RNA	xμL（1μg）

反应条件：

25℃，5min；

42℃，30min；

85℃，5min。

2. PCR 扩增体系

5U/μL *Taq* DNA 聚合酶	1μL（5U）
10×PCR 缓冲液（不含 $MgCl_2$）	5μL
25mmol/L $MgCl_2$	3μL
2.5mmol/L dNTP	4μL（每种 dNTP 终浓度 0.2mmol/L）

Primer 1 （10μmol/L）   2μL

Primer 2 （10μmol/L）   2μL

上一步反转录得到的 cDNA   1μL

重蒸水   32μL

反应条件：

①95℃，5min；

②95℃，20s；

③60℃，20s；

④ 72℃，20s；

⑤ 返回步骤②，再循环 29 轮；

⑥ 72℃，5min。

3. 电泳

反应结束后，取 PCR 反应液（5~10μL）进行琼脂糖凝胶电泳，确认 RT-PCR 反应产物。如果此 PCR 产物需要用于以后实验，必须将 PCR 产物放于-20℃冷冻保存。

五、注意事项

（1）反转录 PCR 时，需要高质量 RNA（纯度和完整性）。

（2）整个操作过程需使用去 RNA 酶的枪头及离心管。

（3）反转录过程中要谨防 RNA 酶的污染，加入 RNA 酶抑制剂。

（4）为了防止非特异性扩增，必须设阴性对照。

（5）使用无 RNA 酶活力的反转录酶。

🔍 思考题

1. 请比较一步法和两步法 RT-PCR 的区别与优缺点。

2. 如何提高 RT-PCR 的灵敏度和特异性？

第四部分

结构化 PBL 实验

CHAPTER 4

一、结构化 PBL

（一） PBL 简介

PBL（problem based learning）即以问题为基础的学习，是 1969 年由美国神经病学教授 Barrow 在加拿大麦克马斯特大学提出的一种课程模式，1993 年在爱丁堡世界医学教育高峰会议中得到了推荐，目前已成为国际上一种十分流行的教学方法。

PBL 强调以学生的主动学习为主，将学习与更大的任务或问题挂钩，使学习者投入问题中；它设计真实性任务，强调把学习设置到复杂的、有意义的问题情景中，通过学习者的自主探究和合作来解决问题，从而学习隐含在问题背后的科学知识，形成解决问题的技能和自主学习的能力。

PBL 的优点：PBL 以学生为中心，促进学生主动学习，培养学生自我导向学习技能；它可以提供一个极好的团队合作、互相尊重和沟通技巧的学习机会；它使理论和应用一体化；它促进师生之间建立一种建设性的协作关系。

PBL 的缺点：与传统课程相比，PBL 并不能增加学生的知识量。然而，达到相同的教学效果，PBL 成本更高；而且 PBL 占用教师许多劳动；受时间和场地的影响，在实验教学中 PBL 适合小规模开展，难以大规模普及。

（二）结构化 PBL 简介

结构化 PBL 是 PBL 与现有的实验教学模式相结合，在实验总体内容不改变的情况下，以教学计划的实验时间为主，辅助少量开放时间开设设计性实验的一种教学模式。结构化 PBL 先由教师给学生一个总的实验任务，教师根据这个任务提出序列性的一系列结构化的问题，学生通过查资料、小组讨论、设计方案、教师辅导、分组实施、结果讨论、归纳总结等过程逐个解决教师交给的问题，完成实验任务。实施过程以问题为基础，以学生为主体，以教师为导向，学生在小组中扮演不同的角色，轮流当组长，人人参与其中。

结构化 PBL 实验教学模式可以营造一个轻松、主动的学习氛围，小组成员之间能够畅所欲言，充分表达自己的观点，同时也可以十分容易地获得来自其他同学和老师的信息，还可锻炼学生多方面的能力，如文献检索、查阅资料的能力，归纳总结、综合理解的能力，逻辑推理、口头表达的能力，自主学习、终身学习的能力，团结协作、交流沟通的能力，分析问题、解决问题的能力，这些将为后续课程的学习乃至将来走上工作岗位打下良好的基础。

二、结构化 PBL 实验流程及教学要求

（一）教学实施

以"蔗糖酶的分离纯化及鉴定"实验为例（详见"三 实施案例"），可设置每个小组 6 个人。每个人轮到一次实验当组长，组长的任务是制订计划、组织小组讨论、分配各成员的工作任务、确定全班集体交流的发言人、整合各个环节的递交材料，每个实验以小组为单位递交实验材料。各环节组长的成绩将在原成绩基础上乘以 1.2 系数。遇到有些小组人数小于 6 人，额外的实验递交材料将给予组员 3 分、组长 5 分的额外奖励，多于 6 人的小组不做组长的同学按照递交材料的实际成绩打分。问题回答、小组讨论、方案设计需在实验开始前一周以小组为单位递交，实验报告需在实验完成以后的一周之内递交，所有材料迟交将扣分。

（二）实验流程

导学问题→学生带着问题自学→小组讨论（6 人一组），制订方案→合班交流，教师点评总结→修正方案→方案实施→结果汇总、归纳总结→教学评价。

（三）教学要求

1. 了解结构化 PBL

学生通过实验教材了解结构化 PBL 教学的要求、目的意义及实施方法。

2. 分组、确定组长和记录员

每个班同学自愿组合分成四个小组，每组人数 6 人。确定组长和记录员，组长和记录员可以轮流担任。

组长的任务：制订计划、组织小组讨论、分配各成员的工作任务、确定到班级交流的发言人。

记录员：负责小组讨论会的全部记录，记录讨论会的时间、地点、参加人、讨论内容、发言人及发言情况。

3. 自学要求

各小组成员根据组长制订的计划，按照进度自己安排查阅相关资料（教材、参考书籍、文献、网络），收集整理资料，针对问题形成个人的解答意见。

4. 小组讨论

地点自定，由组长主持，各抒己见，充分讨论，最后汇总成小组意见，并由小组确定的发言人代表小组到班级进行交流。中间可以适当拍些照片留档。

5. 班级交流

以班级为单位，教师主持，各小组发言人代表交流阐述小组意见，最后由教师点评、总结。

每个同学都要认真听同学的交流发言和教师的点评总结，会后修正完善自己小组的实验方案，可以采用多种方案实施、比较。

6. 方案的实施

由组长根据确定的实验方案分组实施，实验尽量在计划的实验时间内完成，有些特殊的实验可以在实验室开放时间进行。

7. 实验总结、提交报告

小组成员间的实验数据可以在小组内共享，对不同实验方案实施结果进行比较、分析，

得到科学性的结论，并写出总结报告。

8. 教学评价

各小组成员在这一实验中的表现进行自评和互评，并对小组成员提出建设性的意见和建议，教师对每个同学在这一阶段的表现进行评价，其中包括学生评价他人的能力和态度。

评价注重学习态度、教学过程、课堂表现、实验能力，通过学生自评（5%）、学生互评（10%）、问题回答（20%）、讨论（10%）、方案设计（10%）、实验报告（45%）对每个实验项目进行评分。

附：PBL 学生自评、互评表（表 4-1）

表 4-1   PBL 学生自评、互评表

条目	学生姓名
文献检索能力	
针对讨论内容准备是否充分	
主动分享想法与意见	
口头表达能力	
交流沟通能力	
归纳总结能力	
团队合作能力	
创新思维能力	
实验能力	
完成任务的主动性	
建设性建议	

注：评价结果以好（10分）、较好（8分）、中等（6分）、较差（4分）、差（2分）表示，将相应分数填入表格内，评价要实事求是，建设性建议需要用文字表述，针对某人的哪些事情在后续的学习过程中需要改进，学生评价他人的能力和态度将作为教评学的其中一项。

三、实施案例：蔗糖酶的分离纯化与鉴定

将"第三部分　综合性实验"中的部分内容进行改进，作为结构化 PBL 实验的实施案例，命名为"蔗糖酶的分离纯化与鉴定"。以鲜酵母为实验材料，对其蔗糖酶进行初步分离，再经过离子交换层析和疏水层析（或凝胶排阻层析）纯化，检测纯化过程各样品的蛋白质含量和酶活力，获得纯化结果，并对纯化方案进行评价，最后用 SDS-聚丙烯酰胺凝胶电泳法测定蔗糖酶的相对分子质量。各实验项目如下：

实验一、蔗糖酶的提取及粗提纯

实验二、蔗糖酶的层析分离（一）

实验三、蔗糖酶的层析分离（二）

实验四、蔗糖酶活力测定

实验五、蛋白质含量测定

实验六、蛋白质的电泳分离

在本实施案例中，对于案例的"实验三、蔗糖酶的层析分离（二）"的层析方法，可以参考本书"第二部分 二、层析技术"中的"（四）凝胶过滤层析"和"（六）疏水作用层析"的原理，再由学生自主设计实验方案，由教师指导实施。除实验三以外，其余实验既可参考"第三部分 综合性实验"的实验十三至实验十七的内容实施，也可由学生自主设计实验方案，再通过交流讨论和教师指导完成。

因此，本实施案例的各实验方案是开放式的，并不拘泥于本书中的相关实验方法，强调给予学生充分的主观能动性，以期通过结构化 PBL 实验的教学流程，使学生得到多方面的能力培养与提高。

以下为"蔗糖酶的分离纯化与鉴定"各实验目标及导学问题。

实验一、蔗糖酶的提取及粗提纯

（一）实验目标

1. 选择含蔗糖酶丰富的、价廉物美的材料，采用提取得率比较高的方法进行蔗糖酶的提取，得到初提取液。

2. 对初提取液进行初步分离，为后续的纯化提供样品。

（二）导学问题

1. 蔗糖酶的用途是什么？研究蔗糖酶的意义？（10 分）

2. 蔗糖酶有哪些性质？包括酶的适用 pH 和温度、等电点等。（10 分）

3. 蔗糖酶存在于什么材料中？你选择哪种材料来提取？为什么？（10 分）

4. 蔗糖酶属于胞内酶，提取前需要破壁，破壁方法有哪些？（15 分）

5. 比较各破壁方法的优缺点，你选择哪种方法进行破壁？（20 分）

6. 如何选择蔗糖酶提取溶剂？为什么？（10 分）

7. 蛋白质的粗分离方法（沉淀方法）有哪些？各有什么优缺点？如何选择？（15 分）

8. 蔗糖酶活力快速检测方法有哪些？（10 分）

实验二、蔗糖酶的层析分离（一）

（一）实验目标

根据初步纯化以后的样品性质选择一种柱层析方法进行纯化，目标是纯化效果好，回收率高。

（二）导学问题

1. 蛋白质层析分离方法有哪些？（10 分）

2. 各层析分离方法的原理？适用范围？（15 分）

3. 准备用哪种层析方法进行纯化？（5 分）

4. 针对本实验的层析方法，选择实验条件有哪些？如何选择？（10 分）

5. 洗脱液的 pH 如何选择？（5 分）

6. 如何评价纯化方法的优劣？（10 分）

7. 什么是柱子的平衡？平衡的目的是什么？（10 分）

8. 什么是穿透峰？穿透峰中包含哪些物质？（10 分）

9. 穿透峰如果有酶活力需要保存作为下个实验的样品吗？为什么？（10 分）

10. 梯度洗脱方法有哪几种？各有什么优点？（10 分）

11. 实验过程中有哪些注意事项？（5 分）

实验三、蔗糖酶的层析分离（二）

（一）实验目标

根据上个实验纯化以后的样品性质选择另一种层析方法进行纯化，目标是纯化效果好，回收率高。

（二）导学问题

1. 第二步纯化采用什么层析方法？为什么？（20 分）

2. 该层析方法的原理？（20 分）

3. 如何选择实验条件？为什么？（20 分）

4. 影响样品在柱内移动快慢的因素有哪些？（25 分）

5. 实验过程中有哪些注意事项？（15 分）

实验四、蔗糖酶活力测定

（一）实验目标

对提取、纯化得到的各个样品进行酶活力检测，考察各纯化方法的酶的回收率，了解是什么因素导致了酶的损失？

（二）导学问题

1. 什么是酶活力？酶活力单位如何表示？蔗糖酶活力单位的定义？（10 分）

2. 酶活力测定由酶反应和底物或产物含量测定两部分组成，如何选择测定底物还是产物？（15 分）

3. 酶活力测定方法的干扰因素有哪些？如何避免？（15 分）

4. 什么是对照？为什么要做对照？（10 分）

5. 酶反应需要控制哪些实验条件？（10 分）

6. 如何控制反应温度、pH、反应时间？（10 分）

7. 终止酶反应的方法有哪些？如何选择？（10 分）

8. 比色法测定时，吸光度超过标准曲线的线性范围时，为什么不能直接稀释已经显色的样品，而必须改变取样量重新显色，再测吸光度？（10 分）

9. 实验过程中应注意的事项有哪些？（10 分）

实验五、蛋白质含量测定

（一）实验目标

对提取、纯化得到的各个样品进行蛋白质含量检测，考察各样品的比活力大小，各个纯化步骤的纯化效果。

（二）导学问题

1. 蛋白质含量测定方法有哪些？各有什么优缺点？（20 分）

2. 蛋白质含量测定各测定方法的原理是什么？（20 分）

3. 对本实验选择哪种方法比较合适？为什么？（15 分）

4. 选择的测定方法有哪些干扰因素？如何避免？（15 分）

5. 如何设置对照组？（10 分）

6. 什么是比活力？比活力反映的是酶的什么特性？（10 分）

7. 实验过程中应注意的事项有哪些？（10 分）

实验六、蛋白质的电泳分离
（一）实验目标

对提取、纯化得到的各个样品进行凝胶电泳分析，考察各纯化方法得到的酶的纯度，测定蔗糖酶的相对分子质量。

（二）导学问题

1. 蛋白质电泳分离的原理？（10 分）

2. 蛋白质电泳的用途？（5 分）

3. 蛋白质电泳分离方法有哪些？各有什么特点？（10 分）

4. 聚丙烯酰胺凝胶电泳有哪几种方法？具有什么效应？各有什么优缺点？（15 分）

5. 聚丙烯酰胺聚合的原理？凝胶孔径如何调节？（5 分）

6. SDS-聚丙烯酰胺凝胶电泳与普通聚丙烯酰胺凝胶电泳的原理分别是什么？两者的区别是什么？（10 分）

7. 影响蛋白质电泳分离效果的因素有哪些？（10 分）

8. 过硫酸铵、TEMED、SDS 的作用？（10 分）

9. 为什么分离胶灌胶后要在上面覆盖一层水？（5 分）

10. 蛋白质染色方法有哪些？怎么选择？（10 分）

11. 实验过程中应注意的事项有哪些？（5 分）

12. 丙烯酰胺（Acr）、甲叉丙烯酰胺（Bis）具有神经毒性，实验中如何进行防护？（5 分）

四、PBL 实验报告组成与要求

（一）实验报告组成

1. 封面。（2 分）

2. 目录。（3 分）

3. 实验介绍。（10 分）

4. 实验原理。（10 分）

5. 实验材料。（10 分）

6. 实验步骤。（15 分）

7. 实验结果与讨论。（20 分）

8. 总结与建议。（5 分）

9. 术语表。（5 分）

10. 参考文献。（5 分）

11. 附录。（15 分）

（二）实验报告要求

1. 封面

封面由实验名称、主作者（包括学号）、成员（包括学号）、专业、指导教师、日期组成，具体格式可以各异。

2. 目录

列出所有报告中的主题和对应的页码。

3. 实验介绍

（1）实验内容和目标。

（2）相关的实验背景信息。

4. 实验原理

简明扼要地写出实验的原理，涉及化学反应时用化学反应方程式表示，应包含计算中用到的公式和所有公式的详细说明。

5. 实验材料

应包括各种来源的生物样品及试剂（等级、厂家）和主要仪器（型号、厂家）。

说明：记录化学试剂时要避免使用未被普遍接受的商品名和俗名，试剂要标清所用的浓度。

6. 实验步骤

详细描述实验过程和所有的实验条件和实验步骤，其要求为：按照所描述的实验步骤，他人据此可以进行重复实验。

7. 实验结果与讨论

（1）将实验结果以表格或者图表的方式呈现。所有的图片需要用电脑绘制。图表需要包含图表的编号、图表的标题、坐标轴的标题。

（2）分析和讨论所有的实验结果（包括实验数据和实验现象）。着重阐述为什么得到这些实验结果？这些结果又说明了什么？

8. 总结与建议

（1）全文的总结。

（2）讨论实验结果的局限性和所有可以用于改进实验和改善实验结果的建议。

9. 术语表

解释所有在报告中用到的符号的含义。

10. 参考文献

写出文中所有方程，图片，文献的引用出处。

参考文献格式：

作者 3 人以上时，必须写齐前 3 人姓名，超过 3 人时，其后加"，等"，基本格式如下。

［1］期刊：作者．题目［J］．刊名，年份，卷数（期数）：起止页．

［2］专著：作者．书名［M］．出版地：出版社，出版年．

［3］译著：原作者．译著名［M］．译者，译．出版地：出版社，出版年．

［4］论文集：责任者．文集名［C］．出版地：出版者，出版年．

［5］论文集析出文献：作者．文题［C］//编者．文集名．出版地：出版社，出版年：起止页．

［6］学位论文：作者．文题［D］．所在城市：保存单位，发布年份．

［7］专利文献：申请者．专利名：国名，专利号［P］．发布日期．

［8］技术标准：技术标准代号．技术标准名称［S］．地名：责任单位，发布年份．

［9］科技报告：作者．文题，报告代码及编号［R］．地名：责任单位，发布年份．

［10］报纸析出：作者．文题［N］．报纸名，出版日期（版次）．

［11］电子文献：作者．文题［EB/OL］．［出版 年 月 日］．访问路径．

11. 附录 A

（1）说明所有在计算中用到的常数和通用数值。

（2）选取一组实验数据给出一份实验结果计算的样例。

12. 附录 B

将所有原始数据粘贴在这里。

13. 全文建议

（1）确保实验报告的创新性。

（2）独立完成实验报告。

（3）使用别人的实验结果来写报告或者抄袭别人的报告将会受到处罚，请勿抄袭！

附　录

附录一　生物化学实验室规则

1. 每个同学都应该自觉遵守课堂纪律，维护课堂秩序，不迟到，不早退，不大声谈笑；保持实验室安静，实验中商讨问题时应低声进行，以免影响他人实验。

2. 实验过程中要听从指导教师的指导，严肃认真地按操作规程进行实验，并把实验结果和数据及时、如实记录在实验记录本上，文字要简练、准确。

3. 实验台面应随时保持整洁，仪器、药品摆放整齐。公用试剂用完后，应立即盖严放回原处。勿使试剂、药品洒在实验台面和地上。

4. 使用仪器、药品、试剂和各物品必须注意节约。洗涤和使用仪器时，应小心仔细，防止损坏仪器；未经教师允许，不得动用仪器、药品和其他实验材料；使用贵重精密仪器时，应严格遵守操作规程，发现故障须立即报告教师，不得擅自动手检修。

5. 注意安全。实验室内严禁吸烟。不得将含有易燃溶剂的实验容器接近火焰。漏电设备不得使用。离开实验室之前应认真、负责地检查水电。禁止用手直接接触（或皮肤接触）有毒药品和试剂。凡产生烟雾、有毒气体和不良气味的操作步骤均应在通风橱内进行。

6. 符合要求的废液可倒入水槽内，同时放水冲走。强酸、强碱溶液必须先用水稀释。废纸屑及其他固体废物和带渣滓的废物倒入废品缸内；不能倒入水槽或到处乱扔。

7. 仪器损坏时，应如实向指导教师报告，并填写损坏仪器登记表，然后补领。

8. 实验室内一切物品，未经本室负责教师批准，严禁带出室外，借物必须办理登记手续。

9. 每次实验课由班长或课代表负责安排值日生。值日生的职责是负责当天实验室的卫生、安全和一切服务性的工作。

10. 实验完毕，各组要清点仪器，做好仪器、器皿的清洁工作，并按原状摆放整齐，做好室内卫生，经实验教师同意后方可离开。

附录二　实验室安全及防护知识

（一）实验室安全知识

在生物化学实验室中，经常与毒性很强、有腐蚀性、易燃烧和具有爆炸性的化学药品接触，常常使用易碎的玻璃和瓷质的器皿，以及在煤气、水、电等高温电热设备的环境下进行紧张而细致的工作。因此，必须十分重视安全工作。

1. 进入实验室开始工作前，应了解煤气总阀门、水阀门及电闸所在处。离开实验室时，一定要将室内检查一遍，应将水、电、煤气的开关关好，门窗锁好。

2. 使用煤气灯时，应先将火柴点燃。一手执火柴靠近灯口，一手慢开煤气门。不能先开煤气门，后燃火柴。灯焰大小和火力强弱，应根据实验的需要来调节。用火时，应做到火着人在，人走火灭。

3. 使用电器设备（如烘箱、恒温水浴锅、离心机、电炉等）时，严防触电；绝不可用湿手或在眼睛旁视时开关电闸和电器开关。检查电器设备是否漏电应用试电笔触及仪器表面，凡是漏电的仪器，一律不能使用。

4. 使用浓酸、浓碱，必须极为小心地操作，防止溅失。用吸量管量取这些试剂时，必须使用橡皮球，绝对不能用口吸取。若不慎溅在实验台或地面，必须及时用湿抹布擦洗干净。如果触及皮肤，应立即治疗。

5. 使用可燃物，特别是易燃物（丙酮、乙醚、乙醇、苯、金属钠等）时，应特别小心。不要大量放在桌上，更不应放在靠近火焰处。只有远离火源时，或将火焰熄灭后，才可大量倾倒这类液体。低沸点的有机溶剂不准在火焰上直接加热，只能在水浴上利用回流冷凝管加热或蒸馏。

6. 如果不慎洒出了相当量的易燃液体，则应按下法处理：

（1）立即关闭室内所有的火源和电加热器。

（2）关门，开启窗户。

（3）用毛巾或抹布擦拭洒出的液体。并将液体拧到大的容器中，然后再倒入带塞的玻璃瓶中。

7. 用油浴操作时，应小心加热，不断用金属温度计测量，不要使温度超过油的燃烧温度。

8. 易燃和易爆炸物质的残渣（如金属钠、白磷、火柴头）不得倒入污桶或水槽中，应收集在指定的容器内。

9. 废液，特别是强酸和强碱，不能直接倒在水槽中，应先稀释，然后倒入相应的酸性或碱性废液桶中。

10. 毒物应按实验室的规定办理审批手续后领取，使用时严格操作，用后妥善处理。

（二）实验室灭火法

实验中一旦发生了火灾切不可惊慌失措，应保持镇静。首先立即切断室内一切火源和电源，然后根据具体情况积极正确地进行抢救和灭火。常用的方法有：

1. 在可燃液体燃着时，应立刻拿开着火区域内的一切可燃物质，关闭通风器，防止扩大燃烧。若着火面积较小，可用石棉布、湿布、铁片或沙土覆盖，隔绝空气使之熄灭。但覆盖时要轻，避免碰坏或打翻盛有易燃溶剂的玻璃器皿，导致更多的溶剂流出而加重火情。

2. 酒精及其他可溶于水的液体着火时，可用水灭火。

3. 汽油、乙醚、甲苯等有机溶剂着火时，应用石棉布或土扑灭。绝对不能用水，否则反而会扩大燃烧面积。

4. 金属钠着火时，可把沙子倒在它的上面。

5. 导线着火时不能用水及二氧化碳灭火器，应切断电源或用四氯化碳灭火器。

6. 衣服被烧着时切不要奔走，可用衣服、大衣等包裹身体或躺在地上滚动，以灭火。

7. 发生火灾时注意保护现场。较大的着火事故应立即报警。

（三）实验室急救

在实验过程中不慎发生受伤事故，应立即采取适当的急救措施。

1. 受玻璃割伤及其他机械损伤

首先必须检查伤口内有无玻璃或金属等碎片，然后用硼酸水洗净，再涂擦碘酒或红汞水，必要时用纱布包扎。若伤口较大或过深而大量出血，应迅速在伤口上部和下部扎紧血管止血，立即到医院诊治。

2. 烫伤

一般用浓的（90%~95%）酒精消毒后，涂上苦味酸软膏。如果伤处红痛或红肿（一级灼伤），可擦医用橄榄油或用棉花蘸酒精敷盖伤处；若皮肤起泡（二级灼伤），不要弄破水泡，防止感染；若伤处皮肤呈棕色或黑色（三级灼伤），应用干燥而无菌的消毒纱布轻轻包扎好，立即送医院治疗。

3. 强碱（如氢氧化钠、氢氧化钾）、钠、钾等触及皮肤而引起灼伤时，要先用大量自来水冲洗，再用5%硼酸溶液或2%乙酸溶液涂洗。

4. 强酸、溴等触及皮肤而致灼伤时，应立即用大量自来水冲洗，再以5%碳酸氢钠溶液或50g/L氢氧化铵溶液洗涤。

5. 如酚触及皮肤引起灼伤，可用酒精洗涤。

6. 若煤气中毒时，应到室外呼吸新鲜空气，若严重时应立即到医院诊治。

7. 水银容易由呼吸道进入人体，也可以经皮肤直接吸收而引起积累性中毒。严重中毒的征象是口中有金属味，呼出气体也有气味；流涎，打哈欠时疼痛，牙床及嘴唇上有硫化汞的黑色；淋巴结及唾液腺肿大。若不慎中毒时，应送医院急救。急性中毒时，通常用碳粉或呕吐剂彻底洗胃，或者食入蛋白（如1L牛乳加三个鸡蛋清）或蓖麻油解毒并使之呕吐。

8. 触电

触电时可按下述方法之一切断电路：①关闭电源；②用干木棍使导线与触电者分开；③使触电者和土地分离，急救时急救者必须做好防止触电的安全措施，手或脚必须绝缘。

附录三　常用数据表

1. 氨基酸的物理常数（附表1）

附表1　氨基酸的物理常数

中文名称	英文名称（缩写及单字母记号）	相对分子质量	熔点/℃	溶解度[①]	等电点	pK_a[②]
甘氨酸	glycine (Gly, G)	75.07	292	24.99	5.97	(a) 2.34 (b) 9.60
丙氨酸	alanine (Ala, A)	89.09	295	16.60	6.00	(a) 2.35 (b) 9.69
缬氨酸	valine (Val, V)	117.15	315	8.85[20]	5.96	(a) 2.32 (b) 9.62
亮氨酸	leucine (Leu, L)	131.17	332	0.991	5.98	(a) 2.36 (b) 9.60

续表

中文名称	英文名称（缩写及单字母记号）	相对分子质量	熔点/℃	溶解度[①]	等电点	pK_a[②]
异亮氨酸	isoleucine（Ile，I）	131.17	292	2.229	6.02	(a) 2.36 (b) 9.68
丝氨酸	serine（Ser，S）	105.09	246	5.02	5.68	(a) 2.21 (b) 9.15
苏氨酸	threonine（Thr，T）	119.12	235	20.10	6.16	(a) 2.63 (b) 10.43
天冬氨酸	aspartic acid（Asp，D）	133.10	269~271		2.97	(a) 2.09 (b) 9.82 (c) 3.86 （βCOOH）
天冬酰胺	asparagine（Asn，N）	132.12	213~215	2.16	5.41	(a) 2.02 (b) 8.80
谷氨酸	glutamic acid（Glu，E）	147.13	225~227	2.054	3.22	(a) 2.19 (b) 9.67 (c) 4.25 （γCOOH）
谷胺酰胺	glutamine（Gln，Q）	146.15	184~185	4.25	5.65	(a) 2.17 (b) 9.13
精氨酸	arginine（Arg，R）	174.20	238		10.76	(a) 2.17 (b) 9.04 (c) 12.48 （胍基）
赖氨酸	lysine（Lys，K）	146.19	224		9.74	(a) 2.18 (b) 8.95 (c) 10.53 （εNH₂）
组氨酸	histidine（His，H）	155.16	285~286	易溶	7.59	(a) 1.82 (b) 9.17 (c) 6.00 （咪唑基）
半胱氨酸	cysteine（Cys，C）	121.15		易溶	5.02	(a) 1.71 (b) 8.33 (c) 10.78 （SH）

续表

中文名称	英文名称（缩写及单字母记号）	相对分子质量	熔点/℃	溶解度[1]	等电点	pK_a[2]
甲硫氨酸	methionine（Met，M）	149.21	281	3.38	5.75	(a) 2.28 (b) 9.21
苯丙氨酸	phenylalanine（Phe，F）	165.19	318~320	2.96	5.48	(a) 1.83 (b) 9.13
酪氨酸	tyrosine（Try，Y）	181.19	316	0.0351	5.66	(a) 2.20 (b) 9.11 (c) 10.07 (OH)
色氨酸	tryptophane（Trp，W）	204.33	283~285	0.25^{30}	5.89	(a) 2.38 (b) 9.39
脯氨酸	proline（Pro，P）	115.13	213	易溶	6.30	(a) 1.99 (b) 10.60

注：①在 25℃ 于 100g 水中溶解的质量（g），特殊的温度条件则注明在右上角。

②除半胱氨酸是 30℃ 测定数值外，其他氨基酸都是 25℃ 测定数值；（a）代表—COOH 的解离常数，（b）代表—NH₂ 的解离常数；（c）代表其他基团的解离常数。

2. 核苷三磷酸的物理常数（附表 2）

附表 2　核苷三磷酸的物理常数

化合物	相对分子质量	λ_{max}（pH 7.0）	1mol 溶液（pH 7.0）中 λ_{max} 时的最大吸收值	A_{280}/A_{260}
ATP	507	259	15400	0.15
CTP	483	271	9000	0.97
GTP	523	253	13700	0.66
UTP	484	262	10000	0.38
dATP	494	259	15200	0.15
dCTP	467	271	9300	0.98
dGTP	507	253	13700	0.66
dTTP	482	267	9600	0.71

3. 硫酸铵饱和度的常用表（附表3和附表4）

附表3　调整硫酸铵溶液饱和度计算表（25℃）

硫酸铵终含量, %饱和度																
10	20	25	30	33	35	40	45	50	55	60	65	70	75	80	90	100
每1L溶液加固体硫酸铵的量/g*																

硫酸铵初含量, %饱和度

初	10	20	25	30	33	35	40	45	50	55	60	65	70	75	80	90	100
0	56	114	144	176	196	209	243	277	313	351	390	430	472	516	561	662	767
10		57	86	118	137	150	183	216	251	288	326	365	406	449	494	592	694
20			29	59	78	91	123	155	189	225	262	300	340	382	424	520	619
25				30	49	61	93	125	158	193	230	267	307	348	390	485	583
30					19	30	62	94	127	162	198	235	273	314	356	449	546
33						12	43	74	107	142	177	214	252	292	333	426	522
35							31	63	94	129	164	200	238	278	319	411	506
40								31	63	97	132	168	205	245	285	375	469
45									32	65	99	134	171	210	250	339	431
50										33	66	101	137	176	214	302	392
55											33	67	103	141	179	264	353
60												34	69	105	143	227	314
65													34	70	107	190	275
70														35	72	153	237
75															36	115	198
80																77	157
90																	79

注：* 在25℃下，硫酸铵溶液由初饱和度调到终饱和度时，每1L溶液中所加固体硫酸铵的量（g）。

附表4　调整硫酸铵溶液饱和度计算表（0℃）

硫酸铵终含量, %饱和度																
20	25	30	35	40	45	50	55	60	65	70	75	80	85	90	95	100
每100mL溶液加固体硫酸铵的量/g*																

硫酸铵初含量, %饱和度

初	20	25	30	35	40	45	50	55	60	65	70	75	80	85	90	95	100
0	10.6	13.4	16.4	19.4	22.6	25.8	29.1	32.6	36.1	39.8	43.6	47.6	51.6	55.9	60.3	65.0	69.7
5	7.9	10.8	13.7	16.6	19.7	22.9	26.2	29.6	33.1	36.8	40.5	44.4	48.4	52.6	57.0	61.5	66.2
10	5.3	8.1	10.9	13.9	16.9	20.0	23.3	26.6	30.1	33.7	37.4	41.2	45.2	49.3	53.6	58.1	62.7
15	2.6	5.4	8.2	11.1	14.1	17.2	20.4	23.7	27.1	30.6	34.3	38.1	42.0	46.0	50.3	54.7	59.2
20		2.7	5.5	8.3	11.3	14.3	17.5	20.7	24.1	27.6	31.2	34.9	38.7	42.7	46.9	51.2	55.7
25			2.7	5.6	8.4	11.5	14.6	17.9	21.1	24.5	28.0	31.7	35.5	39.5	43.6	47.8	52.2
30				2.8	5.6	8.6	11.7	14.8	18.1	21.4	24.9	28.5	32.3	36.2	40.2	44.5	48.8
35					2.8	5.7	8.7	11.8	15.1	18.4	21.8	25.4	29.1	32.9	36.9	41.0	45.3
40						2.9	5.8	8.9	12.0	15.3	18.7	22.2	25.8	29.6	33.5	37.6	41.8
45							2.9	5.9	9.0	12.3	15.6	19.0	22.6	26.3	30.2	34.2	38.3

续表

硫酸铵初含量，%饱和度	硫酸铵终含量，%饱和度																
	20	25	30	35	40	45	50	55	60	65	70	75	80	85	90	95	100
	每 100mL 溶液加固体硫酸铵的量/g *																
50								3.0	6.0	9.2	12.5	15.9	19.4	23.0	26.8	30.8	34.8
55									3.0	6.1	9.3	12.7	16.1	19.7	23.5	27.3	31.3
60										3.1	6.2	9.5	12.9	16.4	20.1	23.1	27.9
65											3.1	6.3	9.7	13.2	16.8	20.5	24.4
70												3.2	6.5	9.9	13.4	17.1	20.9
75													3.2	6.6	10.1	13.7	17.4
80														3.3	6.7	10.3	13.9
85															3.4	6.8	10.5
90																3.4	7.0
95																	3.5

注：＊在 0℃下，硫酸铵溶液由初饱和度调到终饱和度时，每 100mL 溶液中所加固体硫酸铵的量（g）。

4. DNA 琼脂糖、聚丙烯酰胺凝胶电泳参数（附表 5 至附表 9）

附表 5　琼脂糖凝胶浓度与线性 DNA 分辨范围

凝胶浓度/（g/L）	线性 DNA 长度/bp
5	1000～30000
7	800～12000
10	500～10000
12	400～7000
15	200～3000
20	50～2000

附表 6　聚丙烯酰胺凝胶对 DNA 的分辨范围

丙烯酰胺/（%［W/V］*）	分辨范围/bp
3.5	100～2000
5.0	80～500
8.0	60～400
12.0	40～200
15.0	25～150
20.0	6～100

注：＊其中含有 N，N-亚甲基双丙烯酰胺，浓度为丙烯酰胺的 1/30。

附表 7 染料在非变性聚丙烯酰胺凝胶中的迁移速度

凝胶浓度/（g/L）	溴酚蓝/bp	二甲苯青/bp
3.5	100	460
5.0	65	260
8.0	45	160
12.0	20	70
15.0	15	60
20.0	12	45

附表 8 染料在变性聚丙烯酰胺凝胶中的迁移速度

凝胶浓度/（g/L）	溴酚蓝/bp	二甲苯青/bp
50	35	140
60	26	106
80	19	75
100	12	55
200	8	28

附表 9 常用 DNA M_r 标准参照物

λDNA/HindⅢ	λDNA/EcoRⅠ	λHindⅢ/EcoRⅠ	pBR322/HaeⅢ	pBR322/HinfⅠ	ΦX174/HinfⅠ	ΦX174/HaeⅢ	ΦX174/TaqⅠ
23130	21226	21227	587123	1631	726140	1353	2914
9416	7421	5148	405104	517	713118	1078	1175
6557	5804	4973	50489	506	553100	872	404
4361	5642	4268	45880	396	50082	603	327
2322	4843	3530	43464	344	41766	310	231
2027	3530	2027	26757	298	41348	281	141
564	1904		23451	221	31142	271	87
125	1584		21321	220	24940	234	54
		1375	19218	154	20024	194	33
		974	18411	75	151	118	20
		831	1247			72	
		564					
		125					

5. 常见的市售酸碱的浓度（附表 10）

附表 10　常见的市售酸碱的浓度

溶质	化学式	相对分子质量	物质的量浓度/（mol/L）	质量浓度/（g/L）	质量分数/%	相对密度	配制 1mol/L 溶液的加入量/（mL/L）
冰乙酸	CH_3COOH	60.05	17.40	1045	99.5	1.050	57.5
乙酸	CH_3COOH	60.05	6.27	376	36	1.045	159.5
甲酸	$HCOOH$	46.02	23.40	1080	90	1.200	42.7
盐酸	HCl	36.50	11.60	424	36	1.180	86.2
			2.90	105	10	1.050	344.8
硝酸	HNO_3	63.02	15.99	1008	71	1.420	62.5
			14.90	938	67	1.400	67.1
			13.30	837	61	1.370	75.2
高氯酸	$HClO_4$	100.50	11.65	1172	70	1.670	85.8
			9.20	923	60	1.540	108.7
磷酸	H_3PO_4	98.10	18.10	1445	85	1.700	55.2
硫酸	H_2SO_4	98.10	18.00	1776	96	1.840	55.6
氢氧化铵	NH_4OH	35.00	14.80	251	28	0.898	67.6
氢氧化钾	KOH	56.10	13.50	757	50	1.520	74.1
氢氧化钠	$NaOH$	40.00	19.10	763	50	1.530	52.4

参考文献

［1］杨建雄. 生物化学与分子生物学实验技术教程［M］. 3 版. 北京：科学出版社，2014.

［2］殷冬梅. 医学生物化学与分子生物学实验［M］. 北京：科学出版社，2019.

［3］陈鹏，郭蔼光. 生物化学实验技术［M］. 2 版. 北京：高等教育出版社，2018.

［4］钟卫鸿. 基因工程技术实验指导［M］. 北京：化学工业出版社，2007.

［5］赵永芳. 生物化学技术原理及应用［M］. 5 版. 北京：科学出版社，2016.

［6］张蕾，刘昱，蒋达和，等. 生物化学实验指导［M］. 湖北：武汉大学出版社，2011.

［7］F. M. 奥斯伯，R. E. 金斯顿，J. G. 塞德曼，等. 精编分子生物学实验指南［M］. 4 版. 马学军，舒跃龙，译. 北京：科学出版社，2017.

［8］M. R. 格林，J. 萨姆布鲁克. 分子克隆实验指南［M］. 4 版. 贺福初，译. 北京：科学出版社，2017.

［9］陈毓荃. 生物化学实验方法和技术［M］. 北京：科学出版社，2008.

［10］张丽萍，魏民，王桂云. 生物化学实验指导［M］. 北京：高等教育出版社，2011.